图书情报与信息管理实验教材

决策支持系统实验教程

AN EXPERIMENTAL INSTRUCTION
TO DECISION SUPPORT SYSTEMS

陆泉　陈静　编著

图书在版编目(CIP)数据

决策支持系统实验教程/陆泉,陈静编著.—武汉:武汉大学出版社,2008.6
图书情报与信息管理实验教材
ISBN 978-7-307-06245-0

Ⅰ.决… Ⅱ.①陆… ②陈… Ⅲ.决策支持系统—高等学校—教材 Ⅳ.TP399

中国版本图书馆 CIP 数据核字(2008)第 072351 号

责任编辑:白绍华　　责任校对:黄添生　　版式设计:马　佳

出版发行:武汉大学出版社　　(430072　武昌　珞珈山)
　　　　　(电子邮件:wdp4@whu.edu.cn　网址:www.wdp.com.cn)
印刷:湖北恒泰印务有限公司
开本:720×1000　1/16　印张:10.75　字数:208 千字　插页:1
版次:2008 年 6 月第 1 版　　2008 年 6 月第 1 次印刷
ISBN 978-7-307-06245-0/TP·295　　定价:16.00 元

版权所有,不得翻印;凡购我社的图书,如有缺页、倒页、脱页等质量问题,请与当地图书销售部门联系调换。

内容简介

本书详细介绍了运用已经普及使用的软件环境快速进行决策支持系统开发的主要技术与具体过程。本教程内容以决策支持系统应用开发为核心,分别围绕数据仓库系统开发、商务智能软件包使用以及模型构建与数据分析软件应用进行组织。在介绍 Microsoft SQL Server 2005 与商业智能工具集以及 Microsoft Office Excel 2003 的安装与使用的基础上,设计了 6 个典型实验:数据仓库设计实验、DW/BI 型决策支持系统的系统设计实验、模型构造实验、回归分析实验、数据透视表实验以及使用 OLAP 数据集实验等。这 6 个实验的实验环境门槛低,方便普及;实验任务相对简单,易于掌握;既可独立进行,又可以构成一个完整而实用的决策支持系统,对促进决策支持系统课程教学与技术推广有现实意义。

本书适合作为信息管理与信息系统专业与电子商务专业高年级本科学生及研究生学习的配套实验教材;同时,也适合作为希望快速掌握决策支持系统与商务智能系统开发工作人员的学习和参考用书。

目 录

前言 ·· 1

1 Microsoft SQL Server 2005 的安装与使用 ··· 1
  1.1 实验目的与要求 ··· 1
  1.2 实验内容 ·· 1
  1.3 实验操作步骤 ·· 1
     1.3.1 数据仓库概述 ·· 1
     1.3.2 SQL Server 2005 技术简介 ··· 9
     1.3.3 安装 SQL Server 2005 ·· 10
     1.3.4 Microsoft SQL Server 2005 开发环境 ··· 13
  练习题 ·· 17

2 使用 Microsoft SQL Server 2005 商业智能工具集 ··· 18
  2.1 实验目的与要求 ··· 18
  2.2 实验内容 ·· 18
  2.3 实验操作步骤 ·· 18
     2.3.1 商业智能概述 ·· 18
     2.3.2 Business Intelligence Development Studio ··································· 20
     2.3.3 Business Intelligence Development Studio 中的工具窗口 ················ 20
     2.3.4 Business Intelligence Development Studio 中的菜单 ······················ 22
     2.3.5 使用解决方案和项目 ·· 24
     2.3.6 自定义环境、工具和窗口 ·· 26
     2.3.7 使用源代码管理服务 ·· 28
     2.3.8 配置帮助 ·· 28
  练习题 ·· 30

3 使用 Microsoft Office Excel 2003 ·· 31

3.1　实验目的与要求 ……………………………………………………… 31
  3.2　实验内容 ……………………………………………………………… 31
  3.3　实验操作步骤 ………………………………………………………… 31
    3.3.1　Excel 基础 ……………………………………………………… 31
    3.3.2　Excel 2003 简介 ………………………………………………… 40
    3.3.3　安装与删除 Excel 2003 ………………………………………… 42
    3.3.4　数据录入技巧 …………………………………………………… 44
    3.3.5　数据处理技巧 …………………………………………………… 50
  练习题 ……………………………………………………………………… 57

4　数据仓库设计实验 …………………………………………………………… 58
  4.1　实验目的与要求 ……………………………………………………… 58
  4.2　实验内容 ……………………………………………………………… 58
  4.3　实验操作步骤 ………………………………………………………… 58
    4.3.1　数据仓库设计的三级数据模型 ………………………………… 58
    4.3.2　数据仓库设计方法与步骤 ……………………………………… 60
    4.3.3　多维表的数据组织 ……………………………………………… 68
    4.3.4　多维表设计 ……………………………………………………… 71
    4.3.5　创建数据库 ……………………………………………………… 73
    4.3.6　使用表设计器创建新表 ………………………………………… 75
    4.3.7　创建主键 ………………………………………………………… 77
    4.3.8　修改外键 ………………………………………………………… 78
    4.3.9　使用数据库关系图设计器 ……………………………………… 80
    4.3.10　使用查询编辑器 ……………………………………………… 82
  练习题 ……………………………………………………………………… 83

5　DW/BI 型决策支持系统实验 ……………………………………………… 84
  5.1　实验目的与要求 ……………………………………………………… 84
  5.2　实验内容 ……………………………………………………………… 84
  5.3　实验操作步骤 ………………………………………………………… 84
    5.3.1　数据仓库与决策支持 …………………………………………… 84
    5.3.2　熟悉 Analysis Services ………………………………………… 86
    5.3.3　使用 Analysis Services 进行开发与决策分析 ………………… 89
  练习题 ……………………………………………………………………… 99

6 模型构造实验 ········· 100
6.1 实验目的与要求 ········· 100
6.2 实验内容 ········· 100
6.3 实验操作步骤 ········· 100
6.3.1 DSS 模型概述 ········· 100
6.3.2 数学模型的分类 ········· 101
6.3.3 使用 EXCEL 的投资决策函数 ········· 104
6.3.4 构建投资指标决策分析模型 ········· 116
练习题 ········· 118

7 回归分析实验 ········· 119
7.1 实验目的与要求 ········· 119
7.2 实验内容 ········· 119
7.3 实验操作步骤 ········· 119
7.3.1 统计分析工具概述 ········· 119
7.3.2 使用"数据分析"进行回归分析 ········· 122
7.3.3 使用直线回归函数 ········· 124
7.3.4 使用预测函数 ········· 129
7.3.5 使用指数曲线趋势函数 ········· 130
7.3.6 用趋势线进行回归分析 ········· 132
练习题 ········· 138

8 数据透视表实验 ········· 139
8.1 实验目的与要求 ········· 139
8.2 实验内容 ········· 139
8.3 实验操作步骤 ········· 139
8.3.1 数据透视表概述 ········· 139
8.3.2 创建数据透视表 ········· 141
8.3.3 显示或隐藏数据透视表或数据透视图字段中的项 ········· 145
8.3.4 创建数据透视图 ········· 148
练习题 ········· 151

9 使用 OLAP 数据集实验 ········· 152
9.1 实验目的与要求 ········· 152
9.2 实验内容 ········· 152

9.3 实验操作步骤 ………………………………………………………… 152
　　9.3.1 OLAP 概述 ……………………………………………………… 152
　　9.3.2 Microsoft Excel 中的 OLAP 功能 …………………………… 155
　　9.3.3 访问 OLAP 所需的软件组件 ………………………………… 156
　　9.3.4 连接和使用 OLAP 多维数据集 ……………………………… 157
　　9.3.5 Excel 可访问的数据源 ………………………………………… 159
　练习题 …………………………………………………………………… 162

主要参考文献 …………………………………………………………… 163

前　言

促进决策支持系统课程教学与技术推广是本书编写的主要动机。目前，由于研究内容的庞杂性、开发方法的多样性和软件环境要求的特殊性，决策支持系统无论在教学科研还是在企业应用中都处于一种"鸡肋"的尴尬地位，即明明很有价值，但是很难普及和推广。

本书力求将现代决策支持系统的理论与方法落到实处，特别强调决策支持系统在社会生产中的快速开发与运用，因此结合企业商业智能系统的开发和使用设计了一套典型的决策支持系统实验，可以让学习者在较短的时间内迅速掌握开发和使用实用的决策支持系统的能力，能够快速适应企业的决策支持系统和商务智能系统环境。

本书详细介绍了运用已经普及使用的软件环境快速进行决策支持系统开发的主要技术与具体过程，对促进决策支持系统课程教学与技术推广有现实意义。本教程内容以决策支持系统应用开发为核心，分别围绕数据仓库系统开发、商务智能软件包使用以及模型构建与数据分析软件应用进行组织。在详细介绍 Microsoft SQL Server 2005 与商业智能工具集以及 Microsoft Office Excel 2003 的安装与使用的基础上，本实验教程包括以下 6 个典型实验：利用 SQL Server 2005 进行数据仓库设计实验，再综合 Microsoft SQL Server 2005 商业智能工具集进行 DW/BI 型决策支持系统的系统设计实验，然后使用 Microsoft Office Excel 2003 进行模型构造实验、回归分析实验、数据透视表实验以及使用 OLAP 数据集实验等。这 6 个实验既可独立进行，又可以构成一个完整而实用的决策支持系统；既适合系统学习，又方便具有某一方面基础的用户进行选择性学习。

本书具有 5 个显著特点：将决策支持系统与商务智能系统较好地结合在一起；紧密联系企业决策支持系统的开发与应用；内容系统性强、重点突出；实验环境门槛低、方便普及；实验任务相对简单、易于掌握。在实验设计方面，本书的优势在于：(1) 将决策支持系统的模型与数据分析和商务智能的数据仓库与数据挖掘结合在一起，能快速发挥决策支持系统的支持作用；(2) 在实验中使用的软件工具 SQL Server 2005、Microsoft 商业智能工具集与 Microsoft Office Excel 2003 均为已普及使用的软件，避免了其他与决策支持系统有关的实验教材中必须使用特殊软件包作为实验环境的限制，更易于推广；(3) 实验环境与实验过程说明详尽，提供了强有力的系统开发指导。

本书不仅适合作为信息管理、信息系统专业与电子商务专业高年级本科学生及研究生学习《决策支持系统》、《商务智能》或其他类似课程的配套实验教材，同时，也适合作为希望快速掌握决策支持系统与商务智能系统开发工作的多层次、多专业人员的学习和参考用书。

本书由武汉大学信息管理学院陆泉与华中师范大学信息管理系陈静两位教师共同编著。其中，陆泉负责全书的内容结构设计和第4、5、7、8、9章的编写，陈静负责第1、2、3、6章的编写，陆泉对初稿进行了最后的审查、修改和完善。

衷心感谢武汉大学信息管理学院唐晓波教授对本书给予的建议和指导。此外，武汉大学信息管理学院与武汉大学出版社对此书的编写和出版给予了大力支持，书中还多次引用国内外同行的研究成果，谨此一并致谢。

由于编者时间和水平有限，书中错误或疏漏之处在所难免，敬请专家和广大读者给予批评指正。

作　者

2008年4月于珞珈山

1. Microsoft SQL Server 2005的安装与使用

1.1 实验目的与要求

（1）了解数据仓库的概念、特点和结构。
（2）了解 SQL Server 2005 包含的主要技术。
（3）掌握 SQL Server 2005 的安装方法。
（4）掌握 SQL Server 2005 的主要开发环境。

1.2 实验内容

（1）分析概述部分提供的案例。
（2）安装 SQL Server 2005。
（3）练习使用 SQL Server Management Studio。

1.3 实验操作步骤

本实验包括以下 4 部分：数据仓库概述、SQL Server 2005 技术简介、安装 SQL Server 2005、Microsoft SQL Server 2005 开发环境。

1.3.1 数据仓库概述

随着计算机技术的飞速发展和企业界不断提出新的需求，数据仓库技术应运而生。传统的数据库技术是以单一的数据资源，即数据库为中心，进行事务处理、批处理到决策分析等各种类型的数据处理工作。然而，不同类型的数据处理有着其不同的处理特点，以单一的数据组织方式进行组织的数据库并不能反映这种差异，满足不了数据处理多样化的要求。近年来，随着计算机应用，特别是数据库应用的广泛普及，人们对数据处理的这种多层次特点有了更清晰的认识。总结起来，当前的数据处理可以大致地划分为两大类：操作型处理和分析型处理（或信息型处理）。操作型处理也叫事务处理，是指对数据库联机的日常操作，通常是对一个或一组记录的查询和修改，主要是为企业的特定应用服务的，人们关心的是响应时间、数据的安全性和完整性。分析型处理则用于管理人员的决策分析。例如，在 DSS 中经常要访问大量的历史数据，当以业务处理为主的联机事务处理（OLTP）应用与以分析处理为主的决策支持系统（DSS）应用共存于同一数据库系统中时，这两种类型的处理发生了明显的冲突。人们逐渐认识到，事务处理和分析处理具有极不相同的性质，直接使用事务处理环境来支持 DSS 是行不通的。两者之间的巨大差异使得操作型处理和分析型处理的分离成为必然。这种分离，划清了数据处理的分析型环境与操作型环境之间的界限，从而由原来的以单一数据库为中心的数据环境发展为一种新环境：体系化环境。

1.3.1.1 数据仓库的概念

数据仓库（data warehouse，DW）的概念形成是以 Prism Solutions 公司副总裁 W. H. Inmon 在 1992 年出版的《建立数据仓库》(Building the Data Warehouse)一书为标志的。数据仓库的提出是以关系数据库、并行处理和分布式技术的飞速发展为基础的，是解决信息技术（IT）在发展中存在的拥有大量数据却有用信息贫乏（Data rich-Information poor）这一问题的综合解决方案。

从目前的形势看，数据仓库技术已紧跟 Internet 而上，成为信息社会中获得企业竞争优势的又一关键。美国 MetaGroup 市场调查机构的资料表明，《幸福》杂志所列的全球 2000 家大公司中已有 90% 将 Internet 网络和数据仓库这两项技术列入其企业计划，而且有很多企业为使自己在竞争中处于优势已经率先采用之。

传统数据库用于事务处理，也叫操作型处理，是指对数据库联机进行日常操作，即对一个或一组记录的查询和修改，主要为企业特定的应用服务。用户关心的是响应时间、数据的安全性和完整性。数据仓库用于决策支持，也称分析型处理，用于决策分析，它是建立决策支持系统（DSS）的基础。

操作型数据（DB 数据）与分析型数据（DW 数据）之间的差别如表 1.1 所示。

表 1.1 操作型数据（DB 数据）与分析型数据（DW 数据）的区别

DB 数据	DW 数据
细节的	综合或提炼的
存取时准确的	代表过去的数据
可更新的	不更新的
操作需求事先可知道	操作需求事先不知道
事务驱动	分析驱动
面向应用	面向分析
一次操作数据量小	一次操作数据量大
支持日常操作	支持决策需求
生命周期符合 SDLC	不同的生命周期
对性能要求高	对性能要求宽松

1.3.1.2 数据仓库特点

(1) 数据仓库是面向主题的。

与传统数据库面向应用进行数据组织的特点相对应，数据仓库中的数据是面向主题进行组织的。什么是主题呢？首先，主题是一个抽象的概念，是在较高层次上将企业信息系统中的数据综合、归类并进行分析利用的抽象。在逻辑意义上，它对应于企业中某一宏观分析领域所涉及的分析对象。主题是数据归类的标准，每一个主题基本对应一个宏观的分析领域。例如，保险公司的数据仓库的主题为：客户、政策、保险金、索赔等。基于应用数据库的组织则完全不同，它的数据只是为处理具体应用而组织在一起的。保险公司按照应用组织的数据库是：汽车保险、生命保险、健康保险、伤亡保险等。面向主题的数据组织方式，就是在较高层次上对分析对象的数据的一个完整、一致的描述，能完整、统一地刻画各个分析对象所涉及的企业的各项数据，以及数据之间的联系。所谓较高层次是相对面向应用的数据组织方式而言的，是指按照主题进行数据组织的方式具有更高的数据抽象级别。

需要指出一点，目前数据仓库仍是采用关系数据库技术来实现的，也就是说数据仓库的数据最终也表现为关系。因此，要把握主题和面向主题的概念，需要将它们提高到一个更高的抽象层次上来理解，也就是要特别强调概念的逻辑意义。

为了更好地理解主题与面向主题的概念，说明面向主题的数据组织与传统的面向应用的数据组织方式的不同，在此引用一例：一家采用"会员制"经营方式的商场，按业务已建立起采购、销售、库存管理以及人事管理子系统。按照其业务处理要求，建立了各自的数据库模式：

采购子系统：

订单（订单号，供应商号，总金额，日期）

订单细则（订单号，商品号，类别，单价，数量）

供应商（供应商号，供应商名，地址，电话）

销售子系统：

顾客（顾客号，姓名，性别，年龄，文化程度，地址，电话）

销售（员工号，顾客号，商品号，数量，单价，日期）

库存管理子系统：

领料单（领料单号，领料人，商品号，数量，日期）

进料单（进料单号，订单号，进料人，收料人，日期）

库存（商品号，库房号，库存量，日期）

库房（库房号，仓库管理员，地点，库存商品描述）

人事管理子系统：
　　员工（员工号，姓名，性别，年龄，文化程度，部门号）
　　部门（部门号，部门名称，部门主管，电话）
　　以上述数据模式为例，我们可以看出传统的面向应用的数据组织具有如下特点：

　　第一，面向应用进行数据组织，是指对企业中相关的组织、部门等进行详细调查和收集数据库的基础数据及其处理的过程。调查的重点是"数据"和"处理"，在进行数据组织时应充分了解企业的部门组织结构，考虑企业各部门的业务活动特点。

　　第二，面向应用进行数据组织应反映一个企业内数据的动态特征，即它要便于表达企业各部门内的数据流动情况以及部门间的数据输入输出关系，通俗地讲是要表达每个部门的实际业务处理的数据流程，即从哪儿获取输入数据，在部门内进行什么样的数据处理，以及向什么地方输出数据。按照实际应用即业务处理流程来组织数据，其主要目的是通过进行联机事务处理来提高日常业务处理的速度与准确性等。

　　第三，这种数据组织方式生成的各项数据库模式与企业中实际的业务处理流程中所涉及的单据或文档有很好的对应关系，这种对应关系使得数据库模式具有很强的操作性，因而可以较好地在这些数据库模式上建立起各项实际的应用处理。如库存管理中的领料单、进料单和库存等是实际管理中就存在的单据或报表，并且其各项内容也是相互对应的。在有些应用中，这种数据组织方式只是对企业业务活动所涉及的数据存储介质的改变，即从纸介质到磁介质的转变。

　　第四，面向应用进行数据组织的方式并没有体现出提出数据库这一概念时的原始意图：把数据与处理分开，即要将数据从数据处理或应用中抽象、解放出来，组织成一个和具体的应用相独立的数据世界。所以说，实际中的数据库建设由于偏重对联机事务处理的支持，无论是在设计方法还是在使用上都将数据应用逻辑与数据于一定程度上又重新捆绑在一起了，造成的后果是使得本来是描述同一客观实体的数据由于与不同的应用逻辑捆绑在一起而变得不统一；使得本来是一个完整的客观实体的数据分散在不同的数据库模式中。

　　总的来说，面向应用来进行企业数据的组织，其抽象程度还不够高，没有完全实现数据与应用的分离。但是这种方式能较好地将数据库模式和企业的现实业务活动对应起来，从而具有很好的操作性，便于实现企业原来的各项业务从手工处理的方式向计算机处理方式的转变。所以在进行 OLTP 数据库系统的开发时，面向应用的数据组织方式也不失为一种有效的数据组织方式，它可以较好地支持联机事务处理。

　　那么按照面向主题的方式，数据应该怎样来组织呢？数据的组织应该分为两个步骤：获取主题以及确定每个主题所应包含的数据内容。

前面提到，主题是对应某一分析领域的分析对象，所以主题的抽取，应该是按照分析的要求来确定的。这与按照数据处理或应用的要求来组织数据的主要不同在于同一部门关心的数据内容不同。如在商场中，同样是商品采购，在 OLTP 数据库中，人们所关心的是怎样更方便更快捷地进行"商品采购"这个业务处理；而在进行分析处理时，人们就应该关心同一商品的不同采购渠道。

①在 OLTP 数据库中，在进行数据组织时要考虑如何更好地记录下每一笔采购业务的情况，如我们可以用采购管理子系统中组织的"订单"、"订单细则"以及"供应商"三个数据库模式，来清晰完整地描述一笔采购业务所涉及的数据内容，这就是面向应用来进行数据组织的方式。

②在数据仓库中，由于主要是进行数据分析处理，那么商品采购时的分析活动主要是要了解各供应商的情况，显然"供应商"是采购分析时的分析对象。所以我们并不需要组织像"订单"和"订单细则"这样的数据库模式，因为它们包含的是纯操作性的数据；但是仅仅只用 OLTP 数据库的"供应商"中的数据又是不够的，因而要重新组织"供应商"这么一个主题。

概括各种分析领域的分析对象，我们可以综合得到其他的主题。仍以商场为例子，它所应有的主题包括：商品、供应商、顾客等。每个主题有着各自独立的逻辑内涵，对应了一个分析对象。这三个主题所应包含的内容列出如下：

商品：
    商品固有信息（商品号、商品名、类别、颜色等）
    商品采购信息（商品号、供应商号、供应价、供应日期、供应量等）
    商品销售信息（商品号、顾客号、售价、销售日期、销售量等）
    商品库存信息（商品号、库房号、库存量、日期等）

供应商：
    供应商固有信息（供应商号、供应商名、地址、电话等）
    供应商品信息（供应商号、商品号、供应价、供应日期、供应量等）

顾客：
    顾客固有信息（顾客号、顾客名、性别、年龄、文化程度、住址、电话等）
    顾客购物信息（顾客号、商品号、售价、购买日期、购买量等）

以"商品"主题为例，关于商品的各种信息已综合在"商品"这一个主题中，主要是两个方面的内容：第一，它包含了商品固有信息，如商品名称、商品类别以及型号、颜色等商品的描述信息；第二，"商品"主题也包含有商品流动的信息，如"商品"主题也描述了某商品采购信息、商品销售信息及商品库存信息等。比照商场原有数据库的数据模式，可以看到：首先，在从面向应用到面向主题的转变过程中，丢弃了原来不必要的、不适于分析的信息，如有关订单信息、领料单等内容就不再出现在主题中。其次，在原有的数据库模式中，关于商品的信息分散在各子系统中，如商品的采购信息存在采购子系统中，商品的销售信息则存在于销售子系统中，商品库存信息却又在库存管理子系统中，根本没有形成一个有关商品的完整一致的描述；面向主题的数据组织方式所强调的就是要形成关于商品的一致的信息集合，以便在此基础上针对"商品"这一分析对象进行分析处理。

值得注意的是，不同的主题之间也会有一些内容的重叠。这种重叠是逻辑上的重叠，而不是同一数据内容在物理上的重复储存；主题之间的重叠一般是在细节级上的重叠，因为不同主题中的综合方式是不同的。

总结起来，面向主题的数据组织方式是根据分析要求将数据组织成一个完备的分析领域即主题域。主题域具有以下特性：

①独立性。如针对商品进行的各种分析所要求的是"商品"主题域，这一主题域可以和其他的主题域有交叉部分，但它必须具有独立内涵，即要求有明确的界限，规定某项数据是否该属于"商品"主题。

②完备性。就是要求对任何一个商品的分析处理要求，我们应该能在"商品"这一主题内找到该分析处理所要求的一切内容；如果对商品的某一分析处理要求涉及现存"商品"主题之外的数据，那么就应当将这些数据增加到"商品"主题中来，从而逐步完善"商品"主题。或许有人担心，要求主题的完备性会使得主题包含有过多的数据项而显得过于庞大。这种担心是完全不必要的，因为主题只是一个逻辑上的概念，实现时，如果主题的数据项多了，可以采取各种划分策略来化大为小。

主题是一个在较高层次上对数据的抽象，这使得面向主题的数据组织可以独立于数据的处理逻辑，因而可以在这种数据环境上方便地开发新的分析型应用。同时，这种独立性也是建设企业全局数据库所要求的，所以面向主题不仅是适用于分析型数据环境的数据组织方式，而且是适用于建设企业全局数据库的数据组织方式。

（2）数据仓库是集成的。

数据仓库的数据是从原有的分散的数据库数据中抽取来的。在前面我们已经看到，操作型数据与DSS分析型数据之间差别甚大。第一，数据仓库的每一个主题所对应的源数据在原有的各分散数据库中有许多重复和不一致的地方，且来源于不同的联机系统的数据都和不同的应用逻辑捆绑在一起；第二，数据仓库中的综合数据不能从原有的数据库系统直接得到。

数据进入数据仓库之前，必须经过加工与集成。对不同的数据来源要统一数据结构和编码，统一原始数据中的所有矛盾之处，如字段的同名异义、异名同

义、单位不统一、字长不一致等。总之,要将原始数据结构进行一个从面向应用到面向主题的大转变,所要完成的工作包括:

①要统一元数据中所有矛盾之处。如字段的同名异义、异名同义、单位不统一、字长不一致,等。

②进行数据综合和计算。数据仓库中的数据综合工作可以在从原有数据库抽取数据时生成,但许多是在数据仓库内部生成的,即进入数据仓库以后进行综合生成的。

(3) 数据仓库是稳定的。

数据仓库包括了大量的历史数据。数据经集成进入数据仓库后是极少或根本不更新的。数据仓库的数据主要供企业决策分析之用,所涉及的数据操作主要是数据查询,一般情况下并不进行修改操作。数据仓库的数据反映的是一段相当长的时间内历史数据的内容,是不同时点的数据库快照的集合,以及基于这些快照进行统计、综合和重组的导出数据,而不是联机处理的数据。数据库中进行联机处理的数据经过集成输入到数据仓库中,一旦数据仓库存放的数据已经超过数据仓库的数据存储期限,这些数据将从当前的数据仓库中删去。因为数据仓库只进行数据查询操作,所以数据仓库管理系统 DWMS 相比 DBMS 而言要简单得多。DBMS 中许多技术难点,如完整性保护、并发控制等,在数据仓库的管理中几乎可以省去。但是由于数据仓库的查询数据量往往很大,所以就对数据查询提出了更高的要求,它要求采用各种复杂的索引技术;同时由于数据仓库面向的是企业的高层管理者,他们会对数据查询的界面友好性和数据表示提出更高的要求。

(4) 数据仓库是随时间变化的。

数据仓库中的数据不可更新是针对应用来说的,也就是说,数据仓库的用户进行分析处理时是不进行数据更新操作的。但并不是说,在从数据集成输入数据仓库开始到最终被删除的整个数据生存周期中,所有的数据仓库数据都是永远不变的。

数据仓库的数据是随时间的变化不断变化的,这是数据仓库数据的第四个特征,表现在以下三方面:

①数据仓库随时间变化不断增加新的数据内容。数据仓库系统必须不断捕捉数据库中变化的数据,追加到数据仓库中去,也就是要不断地生成 OLTP 数据库的快照,经统一集成后增加到数据仓库中去;但对于每次的数据库快照确实是不再变化的,捕捉到新的变化数据,只不过又生成一个数据库的快照增加进去,而不会对原来的数据库快照进行修改。

②数据仓库随时间变化不断删去旧的数据内容。数据仓库的数据也有存储期限,只要超过了这一期限,过期数据就要被删除。只是数据仓库内的数据时限要远远长于操作型环境中的数据时限。在操作型环境中一般只保存有 60~90 天的

数据,而在数据仓库中则需要保存较长时限的数据(如5~10年),以适应DSS进行趋势分析的要求。

③数据仓库中包含有大量的综合数据,这些综合数据中很多跟时间有关,例如数据经常按照时间段进行综合,或者隔一定的时间进行抽样等。这些数据要随着时间的变化不断地进行重新综合。数据仓库内的数据时限在5~10年,因此,数据仓库数据的码键都包含时间项,以标明数据的历史时期,这适合DSS进行时间趋势分析。而数据库只包含当前数据,即存储某一时间的正确的有效数据。

(5)数据仓库中的数据量很大。

通常的数据仓库的数据量为10GB级,相当于一般数据库100MB的100倍,大型数据仓库是一个TB(1 000GB)级的数据量。

数据仓库中数据的比重为索引和综合数据占2/3,原始数据占1/3。

(6)数据仓库软硬件要求较高。

①需要一个巨大的硬件平台。

②需要一个并行的数据库系统。

1.3.1.3 数据仓库的结构

数据仓库是在原有关系型数据库基础上发展形成的,但它的组织结构形式不同于数据库系统,从原有的业务数据库中获得的基本数据和综合数据被分成一些不同的层次(level)。一般数据仓库的组成结构如图1.1所示,包括早期细节数据(older detail data)、当前细节数据(current detail data)、轻度综合数据(lightly summarized data);高度综合数据(highly summarized data)和元数据(meta data)。

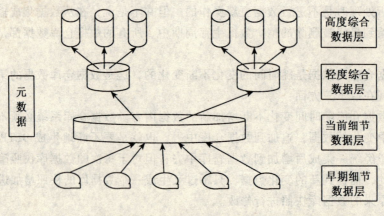

图1.1 数据仓库结构图

当前细节数据是最近时期的业务数据,是数据仓库用户最感兴趣的部分,数据量大。随着时间的推移,当前细节数据由数据仓库的时间控制机制转为历史细节数据,一般被转存于介质中,如磁带等。轻度综合数据是从当前细节数据中提取出来的,设计这层数据结构时会遇到"综合处理数据的时间段选取"、"综合数据包含哪些数据属性"(attribute)和"内容"(content)等问题。最高一层是高度综合数据层,这一层的数据十分精炼,是一种准决策数据。

整个数据仓库的组织结构是由元数据来组织的。元数据是"关于数据的数据",如传统数据库中的数据字典就是一种元数据。数据仓库的元数据不包含任何业务数据库中的实际数据信息。元数据在数据仓库中扮演了重要的角色,它被用于以下几种用途:(1)定位数据仓库的目录作用;(2)数据从业务环境向数据仓库环境传送时显示数据仓库的目录内容;(3)指导从当前细节数据到轻度综合数据,轻度综合数据到高度综合数据的综合算法的选择。元数据至少包括以下一些信息:数据结构(the structure of the data)、用于综合的算法(the algorithms used for summarization)、从业务环境到数据仓库的规划(the mapping from the operation to the data warehouse)。

1.3.2 SQL Server 2005 技术简介

SQL Server 2005 包含下列技术:

(1) SQL Server 数据库引擎:数据库引擎是用于存储、处理和保护数据的核心服务。利用数据库引擎可控制访问权限并快速处理事务,从而满足企业内要求极高而且需要处理的大量数据的应用需要。数据库引擎还在保持高度可用性方面提供了有力的支持。

(2) SQL Server Analysis Services:Analysis Services 为商业智能应用程序提供了联机分析处理(OLAP)和数据挖掘功能。Analysis Services 允许用户设计、创建以及管理其中包含从其他数据源(例如关系数据库)聚合而来的数据的多维结构,从而提供 OLAP 支持。对于数据挖掘应用程序,Analysis Services 允许使用多种行业标准的数据挖掘算法来设计、创建和可视化从其他数据源构造的数据挖掘模型。

数据源是指用于连接数据库的一组存储的"源"信息。数据源包含数据库服务器的名称和位置、数据库驱动程序的名称以及在登录到数据库时所需的信息。

(3) SQL Server Integration Services(SSIS):Integration Services 是一种企业数据转换和数据集成解决方案,用户可以使用它从不同的源提取、转换以及合并数据,并将其移至单个或多个目标。

(4) SQL Server 复制:复制是在数据库之间对数据和数据库对象进行复制和分发,然后在数据库之间进行同步以保持一致性的一组技术。使用复制可以将数据通过局域网、广域网、拨号连接、无线连接和 Internet 分发到不同位置以及远程用户或移动用户。

（5）SQL Server Reporting Services：Reporting Services 是一种基于服务器的新型报表平台，可用于创建和管理包含来自关系数据源和多维数据源的数据的表报表、矩阵报表、图形报表和自由格式报表。可以通过基于 Web 的连接来查看和管理用户创建的报表。

（6）SQL Server Notification Services：Notification Services 平台用于开发和部署可生成并发送通知的应用程序。Notification Services 可以生成并向大量订阅方及时发送个性化的消息，还可以向各种各样的设备传递消息。

（7）SQL Server Service Broker：Service Broker 是一种用于生成可靠、可伸缩且安全的数据库应用程序的技术。Service Broker 是数据库引擎中的一种技术，它对队列提供了本机支持。Service Broker 还提供了一个基于消息的通信平台，可用于将不同的应用程序组件链接成一个操作整体。Service Broker 提供了许多生成分布式应用程序所必需的基础结构，可显著减少应用程序开发时间。Service Broker 还可帮助用户轻松自如地缩放应用程序，以适应应用程序所要处理的流量。

（8）全文搜索：SQL Server 包含对 SQL Server 表中基于纯字符的数据进行全文查询所需的功能。全文查询可以包括单词和短语，或者一个单词或短语的多种形式。

（9）SQL Server 工具和实用工具：SQL Server 提供了设计、开发、部署和管理关系数据库、Analysis Services 多维数据集、数据转换包、复制拓扑、报表服务器和通知服务器所需的工具。

1.3.3 安装 SQL Server 2005

SQL Server 2005 安装向导基于 Microsoft Windows 安装程序，并且为所有 Microsoft SQL Server 2005 组件的安装提供单一的功能树，包括：

- SQL Server Database Engine。
- Analysis Services。
- Reporting Services。
- Notification Services。
- Integration Services。
- 管理工具。
- 文档和示例。

SQL Server 2005 的安装步骤如下：

步骤 1：准备计算机以安装 SQL Server 2005。

若要为安装 SQL Server 2005 而准备计算机，请检查硬件和软件要求、系统配置检查器的要求和妨碍性问题以及安全注意事项。

(1) 监视器: SQL Server 图形工具需要 VGA 或更高分辨率, 分辨率至少为 1 024×768 像素。

(2) 指点设备: 需要 Microsoft 鼠标或兼容的指点设备。

(3) CD 或 DVD 驱动器: 通过 CD 或 DVD 媒体进行安装时需要相应的 CD 或 DVD 驱动器。

(4) 网络软件要求: 64 位版本的 SQL Server 2005 的网络软件要求与 32 位版本的要求相同。Windows 2003、Windows XP 和 Windows 2000 都具有内置网络软件。

独立的命名实例和默认实例支持以下网络协议: Shared Memory、Named Pipes、TCP/IP、VIA。

(5) Internet 要求: 32 位版本和 64 位版本的 SQL Server 2005 的 Internet 要求相同。表 1.2 列出 SQL Server 2005 的 Internet 要求。

表 1.2　　　　　　　SQL Server 2005 的 Internet 要求

组件	要求
Internet 软件[1]	所有 SQL Server 2005 的安装都需要 Microsoft Internet Explorer 6.0 SP1 或更高版本,因为 Microsoft 管理控制台(MMC)和 HTML 帮助需要它。只需 Internet Explorer 的最小安装即可满足要求,且不要求 Internet Explorer 是默认浏览器。 然而,如果只安装客户端组件且不需要连接到要求加密的服务器,则 Internet Explorer 4.01(带 Service Pack 2)即可满足要求。
Internet 信息服务(IIS)	安装 Microsoft SQL Server 2005 Reporting Services(SSRS)需要 IIS 5.0 或更高版本。 有关安装 IIS 的详细信息,请参阅如何安装 Microsoft Internet 信息服务。
ASP.NET 2.0[2]	Reporting Services 需要 ASP.NET 2.0。安装 Reporting Services 时,如果尚未启用 ASP.NET,则 SQL Server 安装程序将启用 ASP.NET。

注意:

- SQL Server Management Studio、Business Intelligence Development Studio 和 Reporting Services 的报表设计器组件需要 Microsoft Internet Explorer 6.0 SP1 或更高版本。
- 如果在 64 位服务器上安装 Reporting Services(64 位),则必须安装 64

位版本的 ASP.NET。如果在 64 位服务器的 32 位子系统（WOW64）上安装 Reporting Services（32 位），则必须安装 32 位版本的 ASP.NET。Reporting Services 不支持同时在 64 位平台上和 64 位服务器的 32 位子系统（WOW64）上进行并行配置。

（6）软件要求：SQL Server 安装程序需要 Microsoft Windows Installer 3.1 或更高版本以及 Microsoft 数据访问组件（MDAC）2.8 SP1 或更高版本。用户可以从此 Microsoft 网站下载 MDAC 2.8 SP1。

SQL Server 安装程序安装该产品所需以下软件组件：Microsoft Windows .NET Framework 2.0、Microsoft SQL Server 本机客户端、Microsoft SQL Server 安装程序支持文件。

注意：SQL Server 2005 不安装 .NET Framework 2.0 软件开发包（SDK）。SDK 包含文档、C++ 编译器和其他工具，这些工具在用户使用 .NET Framework 进行 SQL Server 开发时十分有用。用户可以从此 Microsoft 网站下载 .NET Framework SDK。

步骤 2：使用安装向导安装 SQL Server 2005。

若要安装 SQL Server 2005，请使用 SQL Server 2005 安装向导运行安装程序，或从命令提示符安装。成功安装后在"开始"|"程序"菜单下可以看到如图 1.2 所示的 SQL Server 2005 工具。

图 1.2　成功安装 SQL Server 2005 后的"开始"菜单项

通过 SQL Server 2005 安装向导也可以将组件添加到 SQL Server 2005 的实例，或从 SQL Server 早期版本升级到 SQL Server 2005。

注意：为了正常进行后续实验，SQL Server 数据库引擎与 SQL Server Analysis Services 是必须安装的。

步骤 3：配置 SQL Server 2005 安装。

安装程序完成 Microsoft SQL Server 2005 的安装后，可以使用图形化工具和命令提示实用工具进一步配置 SQL Server。表 1.3 说明了对用来管理 SQL Server 2005 实例的工具的支持。

表 1.3　　　对用来管理 SQL Server 2005 实例的工具的支持

工具或实用工具	说　明
SQL Server Management Studio	SQL Server Management Studio 用于编辑和执行查询，并用于启动标准向导任务。
SQL Server Profiler	SQL Server Profiler 提供了用于监视 SQL Server 数据库引擎实例或 Analysis Services 实例的图形用户界面。
数据库引擎 优化顾问	数据库引擎优化顾问可以协助创建索引、索引视图和分区的最佳组合。
Business Intelligence Development Studio	Business Intelligence Development Studio 是用于 Analysis Services 和 Integration Services 解决方案的集成开发环境。
命令提示实用工具	从命令提示符管理 SQL Server 对象。
SQL Server 配置管理器	管理服务器和客户端网络配置设置。
Import and Export Data	Integration Services 提供了一套用于移动、复制及转换数据的图形化工具和可编程对象。
SQL Server 安装程序	安装、升级到或更改 SQL Server 2005 实例中的组件。

注意：SQL Server 2005 新实例的默认配置禁用某些功能和组件，以减少此产品易受攻击的外围应用。默认情况下，禁用下列组件和功能：Integration Services、SQL Server 代理、SQL Server 浏览器、全文搜索。

1.3.4　Microsoft SQL Server 2005 开发环境

Microsoft SQL Server 2005 将服务器管理和业务对象创建合并到两种集成环境中：SQL Server Management Studio 和 Business Intelligence Development Studio。这两个 Visual Studio 环境使用解决方案和项目来进行管理和组织。这两种环境还提供完全集成的源代码管理功能（如果安装了 Microsoft Visual SourceSafe 之类的源代码管理提供程序）。

虽然这两种 Visual Studio 环境都使用了 Microsoft Visual Studio 2005 中建立的容器和可视元素（如项目、解决方案、解决方案资源管理器和工具箱），但这些环境本身并不属于 Visual Studio 2005。相反，SQL Server 2005 包含的 Studio 环境是独立的环境，它们为使用 SQL Server、Microsoft SQL Server 2005 Compact Edition、Analysis Services、Integration Services 和 Reporting Services 的商业应用程

序开发者而设计。这些工具不能用来建立自定义应用程序或支持大型开发项目。

1. SQL Server Management Studio

SQL Server Management Studio 是一个集成的环境,用于访问、配置和管理所有 SQL Server 组件。SQL Server Management Studio 组合了大量图形工具和丰富的脚本编辑器,使各种技术水平的开发人员和管理员都能访问 SQL Server。

SQL Server Management Studio 将早期版本的 SQL Server 中包括的企业管理器和查询分析器的各种功能,组合到一个单一环境中。此外,SQL Server Management Studio 还提供了一种环境,用于管理 Analysis Services、Integration Services、Reporting Services 和 XQuery。此环境为开发者提供了一个熟悉的体验,为数据库管理人员提供了一个单一的实用工具,使他们能够通过易用的图形工具和丰富的脚本完成任务。

若要启动 SQL Server Management Studio,请在任务栏中单击"开始",依次指向"程序"和 Microsoft SQL Server 2005,然后单击 SQL Server Management Studio。如图 1.3 所示。

图 1.3 利用开始菜单启动 SQL Server Management Studio

Microsoft SQL Server Management Studio 是 Microsoft SQL Server 2005 提供的一种新集成环境,用于访问、配置、控制、管理和开发 SQL Server 的所有组件。SQL Server Management Studio 将一组多样化的图形工具与多种功能齐全的脚本编辑器组合在一起,可为各种技术级别的开发人员和管理员提供对 SQL Server 的访问。

SQL Server Management Studio 将以前版本的 SQL Server 中所包括的企业管理器、查询分析器和 Analysis Manager 功能整合到单一环境中。此外,SQL Server Management Studio 还可以和 SQL Server 的所有组件协同工作,例如 Reporting Services、Integration Services、SQL Server Mobile 和 Notification Services。开发人员可以获得熟悉的体验,而数据库管理员可获得功能齐全的单一实用工具,其中包含易于使用的图形工具和丰富的脚本撰写功能。

使用 SQL Server Management Studio,数据库开发人员和管理员可以开发或管理任何数据库引擎组件,包括:

● 注册服务器。

1 Microsoft SQL Server 2005 的安装与使用

图 1.4 启动 SQL Server Management Studio

- 连接到数据库引擎、SSAS、SSRS、SSIS 或 SQL Server Mobile 的一个实例。

用户在启动 SQL Server Management Studio 时可以看到如图 1.4 所示的窗口。

- 配置服务器属性。
- 管理数据库和 SSAS 对象（如多维数据集、维度和程序集等）。
- 创建对象，如数据库、表、多维数据集、数据库用户和登录名等。
- 管理文件和文件组。
- 附加或分离数据库。
- 启动脚本编写工具。
- 管理安全性。
- 查看系统日志。
- 监视当前活动。
- 配置复制。
- 管理全文索引。

SQL Server Management Studio 为所有开发和管理阶段提供了很多功能强大的工具窗口。某些工具可用于任何 SQL Server 组件，而其他一些工具则只能用于某些组件。表 1.4 标识了可以用于所有 SQL Server 组件的工具。

表 1.4　　　　　　　　所有 SQL Server 组件的工具的说明

工具	用途
使用对象资源管理器	浏览服务器、创建和定位对象、管理数据源以及查看日志。可以从"视图"菜单访问该工具。
管理已注册的服务器	存储经常访问的服务器的连接信息。可以从"视图"菜单访问该工具。
使用解决方案资源管理器	在称为 SQL Server 脚本的项目中存储并组织脚本及相关连接信息。可以将几个 SQL Server 脚本存储为解决方案，并使用源代码管理工具管理随时间演进的脚本。可以从"视图"菜单访问该工具。
使用模板资源管理器	基于现有模板创建查询。还可以创建自定义查询，或改变现有模板以使它适合用户自己的需要。可以从"视图"菜单访问该工具。
动态帮助	单击组件或类型代码时，显示相关帮助主题的列表。

上表中的各管理器访问途径可在如图 1.5 所示的视图菜单中找到。

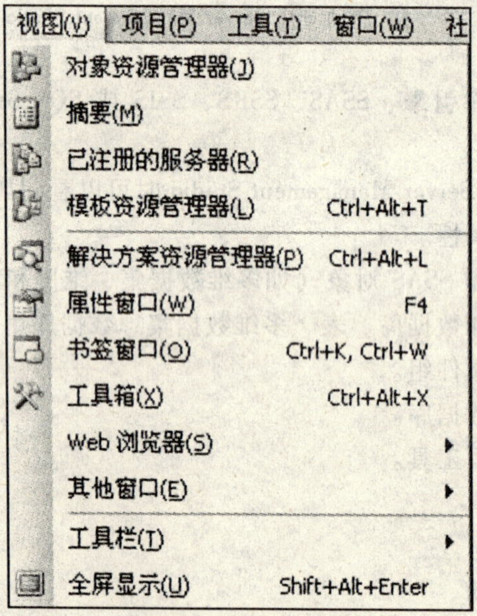

图 1.5　视图菜单

2. Business Intelligence Development Studio

Business Intelligence Development Studio 是一个集成的环境，用于开发商业智能构造（如多维数据集、数据源、报告和 Integration Services 软件包）。Business Intelligence Development Studio 包含一些项目模板，这些模板可以提供开发特定构造的上下文。例如，如果用户的目的是创建一个包含多维数据集、维数或挖掘模型的 Analysis Services 数据库，则可以选择一个 Analysis Services 项目。

在 Business Intelligence Development Studio 中开发项目时，用户可以将其作为某个解决方案的一部分进行开发，而该解决方案独立于具体的服务器。例如，用户可以在同一个解决方案中包括 Analysis Services 项目、Integration Services 项目和 Reporting Services 项目。在开发过程中，用户可以将对象部署到测试服务器中进行测试，然后，可以将项目的输出结果部署到一个或多个临时服务器或生产服务器。

3. SQL Server Management Studio 和 Business Intelligence Development Studio 的比较

从应用方面看，SQL Server Management Studio 可用于开发和管理数据库对象，以及用于管理和配置现有 Analysis Services 对象。Business Intelligence Development Studio 可用于开发商业智能应用程序。如果要实现使用 SQL Server 数据库服务的解决方案，或者要管理使用 SQL Server、Analysis Services、Integration Services 或 Reporting Services 的现有解决方案，则应当使用 SQL Server Management Studio。如果要开发使用 Analysis Services、Integration Services 或者 Reporting Services 的方案，则应当使用 Business Intelligence Development Studio。

从系统内部来看，SQL Server Management Studio 和 Business Intelligence Development Studio 都提供组织到解决方案中的项目。SQL Server 项目作为 SQL Server 脚本、分析服务器脚本和 Microsoft SQL Server 2005 Compact Edition 脚本保存。Business Intelligence Development Studio 项目作为 Analysis Services 项目、Integration Services 项目和报表项目保存。应该使用创建项目的工具打开相应的项目。

练习题

（1）利用 SQL Server 2005 安装向导安装 SQL Server Management Studio 和 Business Intelligence Development Studio，进一步熟悉安装所需的硬件与软件环境。

（2）练习卸载 SQL Server 2005。

2. 使用Microsoft SQL Server 2005商业智能工具集

2.1 实验目的与要求

（1）了解商务智能的基本理论。
（2）掌握 Business Intelligence Development Studio 的基本功能。

2.2 实验内容

（1）练习使用 Business Intelligence Development Studio 工具窗口。
（2）创建 Business Intelligence Development Studio 解决方案。
（3）自定义 Business Intelligence Development Studio 环境、工具和窗口。
（4）配置 Business Intelligence Development Studio 帮助。

2.3 实验操作步骤

本实验包括以下 8 部分：商业智能概述、Business Intelligence Development Studio、Business Intelligence Development Studio 中的工具窗口、Business Intelligence Development Studio 中的菜单、使用解决方案和项目、自定义环境、工具和窗口、使用源代码管理服务、配置帮助。

2.3.1 商业智能概述

商业智能（Business Intelligence）的概念最早在 1996 年提出。当时将商业智能定义为一类由数据仓库（或数据集市）、查询报表、数据分析、数据挖掘、数据备份和恢复等部分组成的、以帮助企业决策为目的的技术及其应用。

目前，商业智能通常被理解为将企业中现有的数据转化为知识，帮助企业做出明智的业务经营决策的工具。这里所谈的数据包括来自企业业务系统的订单、库存、交易账目、客户和供应商资料及来自企业所处行业和竞争对手的数据，以及来自企业所处的其他外部环境中的各种数据。而商业智能能够辅助的业务经营决策既可以是操作层的，也可以是战术层和战略层的。

为了将数据转化为知识，需要利用数据仓库、联机分析处理（OLAP）工具和数据挖掘等技术。因此，从技术层面上讲，商业智能不是什么新技术，它只是

ETL、数据仓库、OLAP、数据挖掘、数据展现等技术的综合运用。

现在业界普遍认为把商业智能看成是一种解决方案应该比较恰当。

商业智能的关键是从许多来自不同的企业运作系统的数据中提取出有用的数据并进行清理，以保证数据的正确性，然后经过抽取（Extraction）、转换（Transformation）和装载（Load），即ETL过程，合并到一个企业级的数据仓库里，从而得到企业数据的一个全局视图，在此基础上利用合适的查询和分析工具、数据挖掘工具、OLAP工具等对其进行分析和处理（这时信息变为辅助决策的知识），最后将知识呈现给管理者，为管理者的决策过程提供支持。

一般地讲，商业智能包括以下部分：

（1）ETL：即数据的抽取/转换/加载。也就是将原来不同形式、分布在不同地方的数据，转换到一个整理好的统一的存放数据的地方（数据仓库）。ETL可以通过专门的工具来实现，也可以通过任何编程或类似的技术来实现。

（2）数据仓库：一个标准的定义是：数据仓库是一个面向主题、集成、时变、非易失的数据集合，是支持管理部门的决策过程。简单地说，数据仓库就是储存数据的地方。它既可能是原始的业务数据库，也可能是另外生成的。既可能是标准的关系型数据库，也可能是包括了一些特定面向分析特性的专门产品。

（3）查询：找出所需要的数据。由于需求的多样性和复杂程度的差异，查询可能包括最简单的从一张表中找出"所有姓张的人"，到基于非常复杂的条件、对关系非常复杂的数据进行查找和生成复杂的结果。

（4）报表分析：以预先定义好的或随时定义的形式查看结果和分析数据。将人工或自动查询出来的数据，以所需要的形式（包括进行各种计算、比较，生成各种展现格式，生成各种图表等）展现给用户，甚至让用户可以进一步逐层深入挖掘这些数据，乃至灵活地按照各种需求进行新的分析并查看其结果。

（5）OLAP分析：多维数据分析，从多个不同的角度立体地同时对数据进行分析。理解OLAP分析，最简单的例子是Excel中的数据透视表。

注意：OLAP有广义与狭义之分，广义的OLAP是相对OLTP而言，可以说包括了查询、报表分析、OLAP分析和数据挖掘，狭义的OLAP就是多维数据分析。

OLAP分析是通过建模和建立立方体（CUBE）来实现，但现在也有一些简单的OLAP工具可以不建模即进行小数据量、低复杂度的分析（本书介绍的Excel的数据透视表即是一例）。

（6）数据挖掘：一种在大型数据库中寻找你感兴趣或是有价值信息的过程。相比于上面几个部分，数据挖掘是最不确定的。如果理解它与查询的区别，似乎是数据如果容易查出来，就是查询；如果费很大劲才能找出来，就是挖掘。

除了上面所讲的这些实质性、技术性的组成部分外，与商业智能相关的还有很多应用层面的概念，如 EPM（企业绩效管理）、DashBoard（仪表盘）、预警、决策支持等。这些概念在应用上有很大意义，也有一些相关的辅助技术，但本质上还是基于上述的几个组成部分。无论是企业人士还是科研人员在很多情况下都将商业智能与决策支持系统等同起来看。

2.3.2 Business Intelligence Development Studio

Business Intelligence Development Studio 是包含特定于 SQL Server 2005 商业智能的附加项目类型的 Microsoft Visual Studio 2005。Business Intelligence Development Studio 是用于开发包括 Analysis Services、Integration Services 和 Reporting Services 项目在内的商业解决方案的主要环境。每个项目类型都提供了用于创建商业智能解决方案所需对象的模板，并提供了用于处理这些对象的各种设计器、工具和向导。

首次打开 Business Intelligence Development Studio 时，Business Intelligence Development Studio 用户界面的中央会出现起始页。该页显示以下内容：最近更新项目的列表；帮助主题、网站、技术文章和其他资源；来自 Microsoft 的产品和事件信息的链接。默认情况下，还显示指定新闻频道的 RSS 源。打开项目中的某个对象后，用于处理该对象的设计器也会显示在中央窗口中。

若要在启动时显示起始页以外的页面，请单击"工具"菜单中的"选项"，展开"环境"节点，再在"启动时"列表中选择要显示的项。

若要了解有关起始页的详细信息，请在起始页内单击，然后按 F1。如果起始页已经关闭，请单击"视图"菜单中的"起始页"。

2.3.3 Business Intelligence Development Studio 中的工具窗口

Business Intelligence Development Studio 包含了一组用于解决方案开发和项目管理的各个阶段的窗口。例如，Business Intelligence Development Studio 包含了一些允许用户将多个项目作为一个单元进行管理并允许用户查看和修改项目中对象属性的窗口。这些窗口可用于 Business Intelligence Development Studio 中的所有项目类型。

如图 2.1 所示的关系图显示了 Business Intelligence Development Studio 中使用默认配置的窗口。

Business Intelligence Development Studio 包括以下四个主窗口：
- 解决方案资源管理器。
- 属性窗口。
- 设计器窗口。
- 工具箱。

Business Intelligence Development Studio 中包含的其他窗口允许用户查看搜索

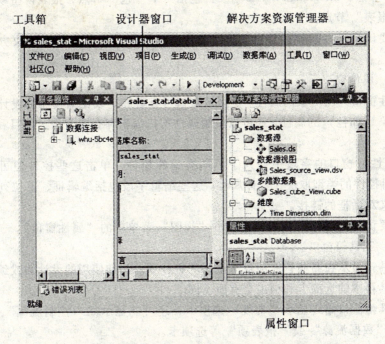

图 2.1 Business Intelligence Development Studio

结果,并获取由项目调试器或设计器输出的错误消息和有关信息。服务器资源管理器列出数据库连接;对象浏览器显示可用于项目的符号;任务列表列出用户定义的编程任务;错误列表提供详细的错误说明。

若要了解有关上述工具窗口的详细信息,请单击"视图"菜单,选择用户感兴趣的窗口选项,然后在该窗口中按 F1。

(1) 解决方案资源管理器。

用户可以在解决方案资源管理器这一个窗口中管理某个解决方案的所有不同的项目。解决方案资源管理器视图将该活动解决方案显示为一个或多个项目的逻辑容器,并包含与这个(些)项目相关联的所有项。用户可以直接从该视图打开项目项进行修改及执行其他管理任务。由于不同的项目存储项的方式各不相同,因此解决方案资源管理器中的文件夹结构无需反映出解决方案内所列项的实际物理存储。

在解决方案资源管理器中,可以创建空解决方案,然后将新的或现有的项目添加到解决方案中。如果没有先创建解决方案就创建了新项目,则 Business Intelligence Development Studio 还会自动创建解决方案。解决方案中包含了项目时,树视图将包括特定于项目对象的节点。例如,Analysis Services 项目包括一个

"维度"节点，Integration Services 项目包括一个"包"节点，报表模型项目包括一个"报表"节点。

若要访问解决方案资源管理器，请单击"视图"菜单中的"解决方案资源管理器"。

（2）属性窗口。

属性窗口列出对象的属性。使用该窗口可查看和更改在编辑器和设计器中打开的对象（如包）的属性。还可以使用属性窗口编辑和查看文件、项目和解决方案属性。

"属性"窗口的字段中嵌入了不同类型的控件，单击这些控件便可将其打开。编辑控件的类型取决于具体属性。这些编辑字段包括编辑框、下拉列表和指向自定义对话框的链接。

若要访问"属性"窗口，请单击"视图"菜单中的"属性窗口"。

（3）工具箱窗口。

工具箱显示在商业智能项目中使用的各种项。当前使用的设计器或编辑器不同，工具箱中的选项卡和项也会有所不同。

工具箱窗口始终显示"常规"选项卡，还可能显示如"控制流项"、"维护任务"、"数据流源"或"报表项"等选项卡。

有些设计器和编辑器不使用工具箱中的项。在此情况下，工具箱仅包含"常规"选项卡。

若要访问工具箱，请单击"视图"菜单中的"工具箱"。

（4）设计器窗口。

设计器窗口是用户创建或修改商业智能对象的工具窗口。设计器提供对象的代码视图和设计视图。打开项目中的某个对象时，该对象在此窗口专用设计器中打开。例如，打开任意商业智能对象中的一个数据源视图，设计器窗口将使用数据源视图设计器。

只有在解决方案中添加了某个项目并打开该项目中的某个对象后，设计器窗口才可用。

2.3.4 Business Intelligence Development Studio 中的菜单

出现在 Business Intelligence Development Studio 中的默认菜单与 Microsoft Visual Studio 2005 中的菜单完全相同。

首次打开 Business Intelligence Development Studio 时，在修改环境、打开某个解决方案或打开任何项目之前，Business Intelligence Development Studio 包括下列菜单（如图 2.2 所示）：

在 Business Intelligence Development Studio 中打开特定项目类型时，菜单栏将会添加其他菜单，Business Intelligence Development Studio 的默认菜单中也可能出

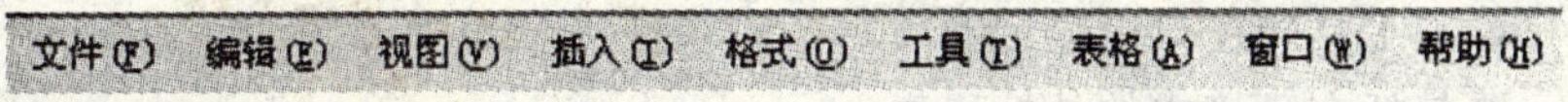

| 文件(F) | 编辑(E) | 视图(V) | 插入(I) | 格式(O) | 工具(T) | 表格(A) | 窗口(W) | 帮助(H) |

图 2.2　Business Intelligence Development Studio 菜单图

现新的选项。此外，菜单栏可能会发生更改以包括特定要处理对象的设计器的其他菜单，这取决于在设计器窗口中打开的对象。

（1）"文件"菜单。

"文件"菜单中的选项支持文件管理。首次打开 Business Intelligence Development Studio 时，在创建新的项目或打开某个现有项目之前，某些选项不可用，仅在某个解决方案上下文中工作或打开某个解决方案中的项目后，这些选项才变得可用。

"文件"菜单包括"源代码管理"选项，该选项可用于将源代码管理软件与 Business Intelligence Development Studio 开发环境相集成。

（2）"编辑"菜单。

"编辑"菜单中的选项支持对文件中的文本和代码进行编辑。此菜单提供"撤销"和"重做"等命令、可查找和替换字符串和符号、定位到代码中的特定行号、可启用和管理书签。首次打开 Business Intelligence Development Studio 时，在创建新的项目或打开某个现有项目之前，某些选项不可用。仅当开始在某个解决方案上下文中工作或打开某个解决方案中的项目后，某些选项才变得可用。

而某些菜单选项可能仍不可用，这取决于项目类型。例如，Integration Services 项目中不支持"销消"和"重做"选项。

（3）"视图"菜单。

"视图"菜单中的选项可帮助用户管理 Business Intelligence Development Studio 的用户界面。此菜单及其子菜单提供打开各种窗口、工具箱、资源管理器和浏览器的选项。用户还可以选择要显示的工具栏。

首次打开 Business Intelligence Development Studio 时，在创建新的项目或打开某个现有项目之前，某些选项不可用。仅当在某个解决方案上下文中工作或打开某个解决方案中的项目后，这些选项才变得可用。例如，"视图"菜单包括向后向前导航的选项，但只在打开了多个窗口时才显示这些选项。

（4）"工具"菜单。

"工具"菜单中的选项可用于自定义开发环境的行为。此菜单、其子菜单及此菜单访问的对话框提供了设置下列选项的选项：

- 用于调试的进程和代码类型或自动检测代码类型
- 连接到数据库

- 添加、删除或导入指定语言的代码段的管理器
- 要在工具箱窗口中显示的项
- 要包括在环境中的外接程序
- 使用宏
- 要包括在环境中的外部工具
- 导入和导出特定环境设置或将环境设置重置为其默认值
- 用户界面上显示的工具栏并排列命令的顺序
- 应用于总体开发环境、解决方案和项目、源代码管理、调试、设计器和编辑器的选项

(5)"窗口"菜单。

"窗口"菜单中的选项可用于管理 Business Intelligence Development Studio 中的窗口、资源管理器和浏览器的行为。例如，可以指定窗口是浮动的还是可停靠的，是显示为选项卡式文档还是隐藏。

打开的窗口不同，"窗口"菜单包含的选项也可能不同。

(6)"社区"菜单。

使用"社区"菜单中的选项，可以向其他用户和技术支持提问，向 Microsoft 发送反馈，访问社区，连接到开发人员中心，以及搜索社区等。

(7)"帮助"菜单。

通过"帮助"菜单中的选项，可以访问"如何实现"和帮助主题。用户可以使用索引、目录或搜索功能来查找帮助信息。通过此菜单，还可以访问技术支持以及查找更新。

此外，Business Intelligence Development Studio 帮助还允许保存索引结果和维护收藏夹主题的列表。

2.3.5 使用解决方案和项目

在 Business Intelligence Development Studio 中，解决方案就是一个容器，用于组织开发端对端商业解决方案时所用的各种项目。使用解决方案，可将多个项目作为一个单元进行处理，并可将与某个商业解决方案相关的一个或多个项目组合到一起。

创建新的解决方案时，Business Intelligence Development Studio 将在解决方案资源管理器中添加一个解决方案文件夹，并创建扩展名为 .sln 和 .suo 的文件。

- *.sln 文件包含有关解决方案配置的信息，并列出解决方案中的项目。
- *.suo 文件包含有关使用解决方案的首选项的信息。

项目存储在解决方案中。用户可以先创建一个解决方案，再将项目添加到该解决方案中。如果不存在解决方案，Business Intelligence Development Studio 将在第一次创建项目时自动创建一个解决方案。解决方案可以包含多个不同类型的项

目。用户还可以创建空白解决方案，以后再向其中添加项目。

创建一个新的空白 Business Intelligence Development Studio 解决方案的步骤如下：

(1) 启动 Business Intelligence Development Studio。

(2) 在"文件"菜单中，指向"添加"，再单击"新建项目"。

(3) 在"新建项目"对话框中，展开"其他项目类型"，再单击"Visual Studio 解决方案"。

(4) 在"模板"窗格中，单击"空白解决方案"。

(5) 还可以编辑解决方案的名称和位置。

(6) 还可以单击"浏览"为解决方案指定不同的位置。

(7) 如果源代码管理软件安装在本地计算机上，还可以选择"添加到源代码管理"（如图 2.3 所示）。

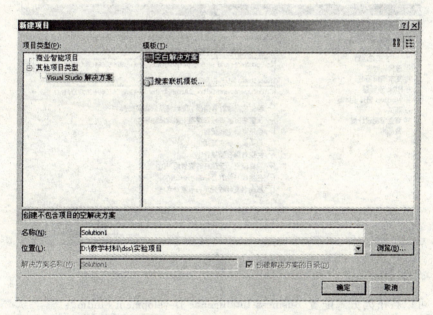

图 2.3　创建一个新的 Business Intelligence Development Studio 解决方案图

(8) 单击"确定"。

Business Intelligence Development Studio 中的解决方案可以包含不同类型的项目。用户可以添加下列类型的项目：

- Analysis Services 项目，用于创建分析对象。
- Integration Services 项目，用于创建 ETL 包。
- 报表模型项目，用于创建报表模型。

- 报表服务器项目，用于创建报表。

2.3.6 自定义环境、工具和窗口

用户可以方便地对 Business Intelligence Development Studio 进行配置以使其适合用户的工作风格。用户可以配置总体开发环境及其行为，并可对其工具和窗口进行更改。在保存解决方案时，配置被保存到解决方案文件夹中的一个 *.suo 文件中。

通过选择"商业智能设置"集合，可以使用为 SQL Server 2005 商业智能开发自定义的设置集合来配置 Business Intelligence Development Studio 环境。使用"工具"菜单中的"导入和导出设置"来重置基于"商业智能设置"集合的所有设置，或仅导入所选"商业智能设置"的类别。点击"工具"，再点击"选项"进入如下设置界面（如图 2.4 所示）。

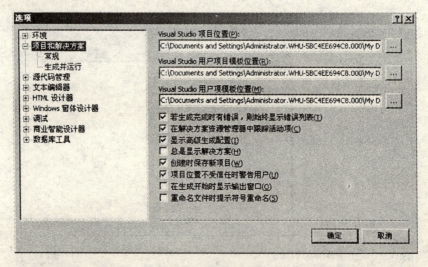

图 2.4 选项界面图

可以按下列方式配置 Business Intelligence Development Studio。

（1）配置环境。

使用"选项"对话框中的"环境"页，按以下方式配置 Business Intelligence Development Studio：

- 窗口选项，如是使用选项卡式还是多文档格式，是否显示状态栏以及在最近文件列表中显示多少个文件。
- 安全性选项，如是否允许运行宏，以及加载哪些外接程序。
- 文档选项，如是否在解决方案资源管理器中显示杂项文件，是否自动检

测已在环境之外更改的文件。
- 查找和替换选项,如在替换前是否显示警告,或是否自动填充"查找"框。
- 字体和颜色选项,如字体、字号、文本颜色和背景颜色。
- 帮助选项,如使用哪个帮助查看器,以及动态帮助的配置。

另外,可以指定杂项选项,如保存文件时使用的位置、用户界面和联机帮助的环境使用的语言、键盘映射方案、启动行为、任务列表选项以及 Web 浏览器的设置等。

(2) 配置项目和解决方案。

使用"选项"对话框中的"项目和解决方案"页指定以下设置:
- 项目、用户项目模板和用户项模板的位置;解决方案属性和应用于所有项目类型的属性。例如,可以指定第一次创建新项目时是否保存该项目。
- Business Intelligence Development Studio 在生成和运行对象时的行为,以及是否使用启动项目。

(3) 配置源代码管理。

使用"选项"对话框中的"源代码管理"页,可按以下方式配置源代码管理软件与 Business Intelligence Development Studio 的集成:
- 指定源代码管理插件。
- 配置插件环境的行为。
- 配置插件。

(4) 配置文本编辑器。

使用"选项"对话框中的"文本编辑器"页,可以配置应用于所有语言的文本编辑器功能,以及仅应用于特定语言或语言版本的任何功能。例如,可以设置只应用于 SQL Server 2005 中使用的 Transact-SQL 版本的选项。

(5) 配置设计器。

使用"选项"对话框中的"商业智能设计器"页,可以配置 Analysis Services 和 Integration Services 使用的设计器的默认设置。在这些页中,用户可以指定一些选项,如数据挖掘查看器中使用的颜色、Analysis Services 查询的超时值,以及是否在加载 Integration Services 包时检查数字签名。

(6) 配置数据库工具。

使用"选项"对话框中的"数据库工具"页,可以对管理和设计数据库对象的各种工具的行为进行配置:
- 配置视图和表设计器、脚本编辑器和脚本/查询执行。
- 设置数据连接的属性。
- 配置查询设计器和视图设计器。

- 设置表和关系图选项。
- 设置列选项。

(7) 配置调试。

使用"选项"对话框中的"调试"页，可以按以下方式配置调试：
- 指定常规调试选项，如删除所有断点之前是否询问。
- 启用编辑并继续选项，如是否就陈旧代码发出警告。
- 选择要启用实时调试的代码类型。

(8) 配置 HTML 设计器。

使用"选项"对话框中的"HTML 设计器"页，可以按以下方式配置HTML页：
- 指定以什么视图（源代码视图还是设计视图）启动页，以及是否启用智能标记。
- 指定元素的定位和显示选项。

(9) 配置 Windows 窗体设计器。

使用"选项"对话框中的"Windows 窗体设计器"页，可以按以下方式配置 Windows 窗体：
- 指定代码生成、布局、智能标记和工具箱的行为。
- 自定义数据的用户界面。

(10) 配置窗口。

主菜单上的"窗口"菜单包含配置 Business Intelligence Development Studio 窗口行为的选项。用户可以将大多数窗口更改为浮动的或可停靠的，以选项卡式文档显示，或在从"视图"菜单中将其重新打开之前一直隐藏。

通过此菜单，用户还可以创建新的水平和垂直选项卡组，从而将设计器窗口划分为多个窗口。用户还可以关闭所有窗口，或将窗口布局重置为默认设置。

2.3.7 使用源代码管理服务

与 Visual Studio 2005 一样，Business Intelligence Development Studio 可与源代码管理软件相集成。如果计算机上安装了源代码管理软件，则可将解决方案和项目添加到源代码管理中，然后从源代码管理应用程序中打开 Business Intelligence Development Studio 中的解决方案和项目。

可以使用"选项"对话框来配置与源代码管理的集成。若要打开"选项"对话框，请单击"工具"菜单中的"选项"。"选项"对话框中的"源代码管理"节点包括用于指定源代码管理插件、配置源代码管理环境和设置插件选项的页。

2.3.8 配置帮助

Visual Studio 2005 的文档提供有关 Microsoft 应用程序开发环境的详细信息。

Business Intelligence Development Studio 使用 Visual Studio 2005 用户界面的某个子集，并且 Business Intelligence Development Studio 和 Visual Studio 所显示的环境相同。如果用户先安装 Visual Studio 2005，然后再安装 SQL Server 2005，则上述两种环境便是同一个环境并且相同。

Visual Studio 帮助集提供有关 Business Intelligence Development Studio 所用用户界面的文档。若要访问与 Business Intelligence Development Studio 共享的和用户界面相关的 Visual Studio 2005 帮助主题，用户必须安装 SQL Server 2005 中附带的 MSDN Library，或者配置 Business Intelligence Development Studio 帮助选项以访问帮助。

配置帮助以使用联机内容的步骤如下：

（1）在"开始"菜单中，指向 Microsoft SQL Server 2005，再单击 SQL Server Business Intelligence Development Studio。

（2）在 Business Intelligence Development Studio 的"工具"菜单中，单击"选项"。

（3）在"选项"对话框中，依次展开"环境"、"帮助"，再单击"联机"。

（4）在"联机"页中，选中"先联机尝试，然后再在本地尝试"或"先在本地尝试，然后再联机尝试"选项。如图 2.5 所示。

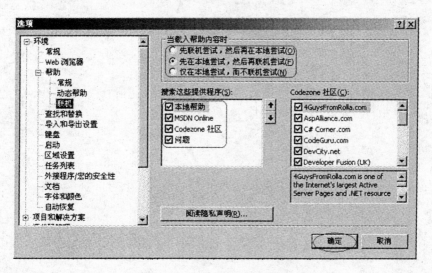

图 2.5　使用联机内容界面图

启用联机帮助后，用户可以通过按 F1 键或单击"帮助"从 Visual Studio 窗口中查看上下文相关的帮助。若要获得有关在 Analysis Services、Integration Services 或 Reporting Services 项目中工作时可用的窗口和对话框的帮助，或者要访问 SQL Server 2005 联机丛书，则必须安装联机丛书或 MSDN。若要使用联机丛书的内容更新，应当安装联机丛书。

如果安装了 Business Intelligence Development Studio、SQL Server 2005 联机丛书以及 MSDN Library，则目录中便会显示两个版本的联机丛书。其中一个副本由 MSDN Library 安装，另一个由 SQL Server 安装。若要避免在搜索和索引结果中出现多个版本的联机丛书主题，可以删除 MSDN Library 版本的联机丛书，或者自定义安装 MSDN Library，并选择不安装联机丛书。若要从 MSDN Library 中删除联机丛书，请打开"控制面板"中的"添加或删除程序"，选择 MSDN Library for Visual Studio 2005，再单击"更改"在 MSDN Library 向导中，选择"修改"选项，单击"下一步"，选择卸载 SQL Server 2005 的选项并完成向导。

练习题

（1）配置 Business Intelligence Development Studio 帮助，练习在帮助中查找 Analysis Services 项目的创建操作。

（2）在本实验创建的空白解决方案中添加一个 Analysis Services 项目，理解解决方案和项目的关系。

3 使用Microsoft Office Excel 2003

3.1 实验目的与要求

（1）了解 Microsoft Office Excel 2003 的基础知识。
（2）掌握 Microsoft Office Excel 2003 的安装方法。
（3）掌握 Microsoft Office Excel 2003 的数据录入技巧
（4）掌握 Microsoft Office Excel 2003 的数据处理技巧。

3.2 实验内容

（1）安装 Excel 2003。
（2）练习使用函数与公式。
（3）进行数据录入技巧实验。
（4）进行数据处理技巧实验。

3.3 实验操作步骤

本实验包括以下 5 部分：Excel 基础、Excel 2003 简介、安装与删除 Excel 2003、数据录入技巧、数据处理技巧。

3.3.1 Excel 基础

1. 函数

Excel 中所提的函数其实是一些预定义的公式，它们使用一些称为参数的特定数值按特定的顺序或结构进行计算。用户可以直接用它们对某个区域内的数值进行一系列运算，如分析和处理日期值和时间值、确定贷款的支付额、确定单元格中的数据类型、计算平均值、排序显示和运算文本数据等。例如，SUM 函数对单元格或单元格区域进行加法运算。

函数的结构以函数名称开始，后面是左圆括号、以逗号分隔的参数和右圆括号。函数处理数据的方式与公式处理数据的方式是相同的，函数通过引用参数接收数据，并返回结果。大多数情况下返回的是计算的结果，也可以返回文本、引用、逻辑值、数值或工作表的信息。在函数中使用的参数可以是数字、文本、逻辑值或单元格引用。给定的参数必须能产生有效的值。参数也可以是常量、公式或其他函数。如果在编辑栏中直接输入函数，应在函数名称前面键入等号（=）。例如，ROUND 函数可将单元格 A10 中的数字四舍五入，如图 3.1 所示。

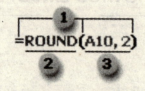
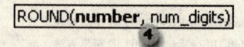

图 3.1　ROUND 函数示意图

其中包括：

（1）结构。函数的结构以等号（=）开始，后面紧跟函数名称和左括号，然后以逗号分隔输入参数，最后是右括号。

（2）函数名称。如果要查看可用函数的列表，可单击一个单元格并按 Shift + F3 键。

（3）参数。参数可以是数字、文本、逻辑值、数组（数组：用于建立可生成多个结果或可在行和列中排列的一组参数进行运算的单个公式。数组区域共用一个公式；数组常量是用作参数的一组常量）、错误值或单元格引用（单元格引用：用于表示单元格在工作表上所处位置的坐标集）。指定的参数都必须为有效参数值。参数也可以是公式或其他函数。

（4）参数工具提示。在键入函数时，会出现一个带有语法和参数的工具提示。例如，在编辑栏或单元格键入"= ROUND（"时，工具提示就会出现，如图 3.2 所示。工具提示只在使用内置函数时出现。

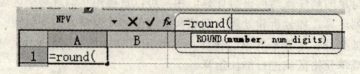

图 3.2　ROUND 函数工具提示

使用函数的基本过程是：单击需要输入函数的单元格，如图 3.3 所示，单击单元格 C1，出现编辑栏；单击编辑栏中的"插入函数"按钮 ƒx，或是单击"插入"菜单栏中的"函数"选项之后，就会在编辑栏下面出现插入函数对话框，在选择类别下拉列表中可以选择不同种类的函数，再单击"确定"可以进行函数参数设定。

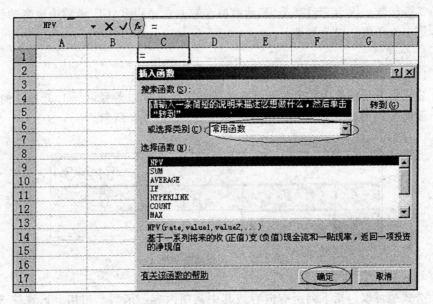

图 3.3 使用函数的界面图

Excel 基本函数一共有 11 类，分别是数据库函数、日期与时间函数、外部函数、工程函数、财务函数、信息函数、逻辑运算符函数、查找和引用函数、数学和三角函数、统计函数、文本函数。

在某些情况下，用户可能需要将某函数作为另一函数的参数使用。例如下面的公式使用了嵌套的 AVERAGE 函数并将结果与值 50 进行了比较，如图 3.4 所示。

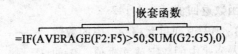

图 3.4 嵌套函数举例

使用嵌套函数时要注意两点：
（1）有效的返回值：当嵌套函数作为参数使用时，它返回的数值类型必须与参数使用的数值类型相同。例如,如果参数返回一个 TRUE 或 FALSE 值,那么嵌套函数也必须返回一个 TRUE 或 FALSE 值。否则,Microsoft Excel 将显示 #VALUE!错误值。

(2) 嵌套级别限制:公式可包含多达七级的嵌套函数。当函数 B 在函数 A 中用作参数时,函数 B 则为第二级函数。例如,AVERAGE 函数和 SUM 函数都是第二级函数,因为它们都是 IF 函数的参数。在 AVERAGE 函数中嵌套的函数则为第三级函数,以此类推。

2. 公式

(1) 公式的定义。

公式是对工作表中数值执行计算的等式。公式要以等号(=)开始。例如,在下面的公式中,结果等于 2 乘以 3 再加 5,如图 3.5 所示。

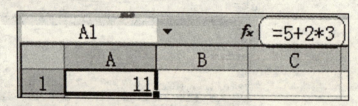

图 3.5 公式组成举例图 1

公式也可以包括下列所有内容或其中某项内容:函数、引用、运算符 和常量。利用函数可以简化和缩短工作表中的公式,尤其在用公式执行很长或复杂的计算时。图 3.6 用一个使用半径计算圆周长的例子说明公式的组成。

图 3.6 公式组成举例图 2

说明:

①函数:PI() 函数返回值 pi:3.142…

②引用(或名称):A2 返回单元格 A2 中的数值。

③常量:直接输入公式中的数字或文本值,例如 2。

④运算符:^(插入符号)运算符表示将数字乘幂,*(星号)运算符表示相乘。

(2) 公式中的名称。

可以在工作表中使用列标志和行标志引用这些行和列中的单元格,还可创建描述名称（名称：代表单元格、单元格区域、公式或常量值的单词或字符串）来代表单元格、单元格区域、公式或常量值。如果公式引用的是相同工作表中的数据，那么就可以使用标志；如果用户想表示另一张工作表上的区域，那么要使用名称。

还可以使用已定义名称来表示单元格、常量或公式。公式中的定义名称使人们更容易理解公式的含义。例如，公式 =SUM（一季度销售额）要比公式 =SUM（C20：C30）更容易理解。

名称可用于所有的工作表。例如，如果名称"预计销售"引用了工作簿中第一个工作表的区域 A20:A30，则工作簿中的所有工作表都使用名称"预计销售"来引用第一个工作表中的区域 A20:A30。

名称也可以用来代表不会更改的（常量）公式和数值。例如，可使用名称"销售税"代表销售额的税率（如 6.2%）。

也可以与另一个工作簿中的定义名称链接，或定义一个引用了其他工作簿中单元格的名称。例如，公式 =SUM（Sales.xls! ProjectedSales）表示"销售额"工作簿中一个被命名为 ProjectedSales 的区域。

注意：在默认状态下，名称使用绝对单元格引用（即公式中单元格的精确地址，与包含公式的单元格的位置无关。绝对引用采用的形式为 \$A \$1）。

公式中的命名规则：
- 允许使用的字符名称的第一个字符必须是字母或下画线。名称中的字符可以是字母、数字、句号和下画线。
- 名称不能与单元格引用相同，例如 Z \$100 或 R1C1。
- 可以使用多个单词，但名称中不能有空格。可以用下画线和句点作单词分隔符，例如：Sales_Tax 或 First.Quarter。
- 名称长度最多可以包含 255 个字符。
- Microsoft Excel 在名称中不区分大小写。例如，如果已经创建了名称 Sales，接着又在同一工作簿中创建了名称 SALES，则第二个名称将替换第一个。

(3) 单元格的引用。

引用的作用在于标识工作表上的单元格或单元格区域，并指明公式中所使用的数据的位置。通过引用，可以在公式中使用工作表上不同部分的数据，或者在多个公式中使用同一个单元格的数值。还可以引用同一个工作簿中不同工作表上的单元格和其他工作簿中的数据。引用不同工作簿中的单元格称为链接。

①A1 引用样式。

默认情况下，Excel 使用 A1 引用样式，此样式引用字母标识列（从 A 到 IV，共 256 列），引用数字标识行（从 1 到 65536）。这些字母和数字称为行号和列标。若要引用某个单元格,请输入列标和行号。例如,B2 引用列 B 和行 2 交叉处的单元格。如表 3.1 所示。

表 3.1　　　　　　　　　　　　应用样式表

若要引用	应使用
列 A 和行 10 交叉处的单元格	A10
在列 A 和行 10 到行 20 之间的单元格区域	A10:A20
在行 15 和列 B 到列 E 之间的单元格区域	B15:E15
行 5 中的全部单元格	5:5
行 5 到行 10 之间的全部单元格	5:10
列 H 中的全部单元格	H:H
列 H 到列 J 之间的全部单元格	H:J
列 A 到列 E 和行 10 到行 20 之间的单元格区域	A10:E20

引用其他工作表中的单元格。图 3.7 的示例中,AVERAGE 工作表函数将计算同一个工作簿中名为 Marketing 的工作表的 B1:B10 区域内的平均值。

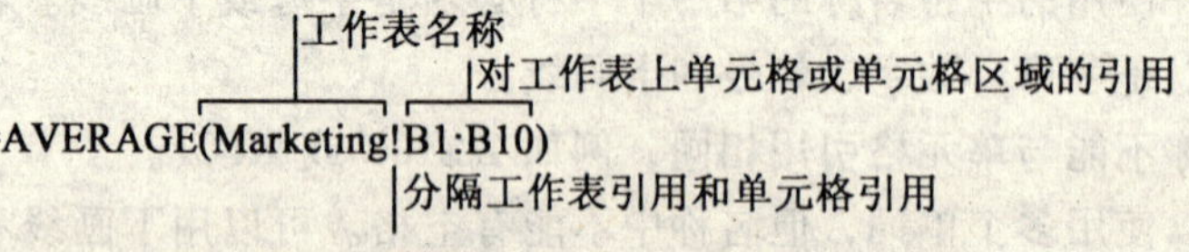

```
                  工作表名称
                        对工作表上单元格或单元格区域的引用
    =AVERAGE(Marketing!B1:B10)
                        分隔工作表引用和单元格引用
```

图 3.7　应用其他工作表单元格示例 1

本公式链接到同一个工作簿中的另一张工作表上。请注意,工作表的名称和感叹号(!)应位于区域引用之前。

②绝对引用与相对引用。

相对引用:公式中的相对单元格引用(如 A1)是基于包含公式和单元格引用的单元格的相对位置。如果公式所在单元格的位置改变,引用也随之改变。如果多行或多列地复制公式,引用会自动调整。在默认情况下,新公式会使用相对引用。例如,如果将单元格 B2 中的相对引用复制到单元格 B3,相对单元格引用将自动从 =A1 调整到 =A2(**注意**:此例复制的公式具有相对引用)。如图 3.8 所示。

绝对引用:单元格中的绝对单元格引用(例如 $A$1)总是在指定位置引用单元格。如果公式所在单元格的位置改变,绝对引用保持不变。如果多行或多

图 3.8 应用其他工作表单元格示例 2

列地复制公式，绝对引用将不作调整。默认情况下，新公式使用相对引用，需要将它们转换为绝对引用。例如，如果将单元格 B2 中的绝对引用复制到单元格 B3，则在两个单元格中都是 $A$1。此例复制的公式具有绝对引用，如图 3.9 所示。

图 3.9 应用其他工作表单元格示例 3

混合引用：混合引用具有绝对列和相对行，或是绝对行和相对列。绝对引用列采用 $A1、$B1 等形式。绝对引用行采用 A$1、B$1 等形式。如果公式所在单元格的位置改变，则相对引用改变，而绝对引用不变。如果多行或多列地复制公式，相对引用会自动调整，而绝对引用不作调整。例如，如果将一个混合引用从 A2 复制到 B3，它将从 =A$1 调整到 =B$1。此例复制的公式具有混合引用，如图 3.10 所示。

图 3.10 应用其他工作表单元格示例 4

③三维引用样式。

如果要分析同一工作簿中多张工作表上的相同单元格或单元格区域中的数据,应使用三维引用。三维引用包含单元格或区域引用,前面加上工作表名称的范围。Excel 使用存储在引用开始名和结束名之间的任何工作表。例如,= SUM (Sheet2:Sheet13! B5) 将计算包含在 B5 单元格内所有值的和,单元格取值范围是从工作表 2 到工作表 13。

使用三维引用可以引用其他工作表中的单元格、定义名称,还可以通过使用下列函数来创建公式:SUM、AVERAGE、AVERAGEA、COUNT、COUNTA、MAX、MAXA、MIN、MINA、PRODUCT、STDEV、STDEVA、STDEVP、STDEVPA、VAR、VARA、VARP 和 VARPA。

④R1C1 引用样式。

也可以使用同时统计工作表上行和列的引用样式。R1C1 引用样式对于计算位于宏内的行和列很有用。在 R1C1 样式中,Excel 指出了行号在 R 后而列号在 C 后的单元格的位置。如表 3.2 所示。

表3.2 表格应用及含义

引用	含义
R[-2]C	对在同一列、上面两行的单元格的相对单元格引用(相对单元格引用:在公式中,基于包含公式的单元格与被引用的单元格之间的相对位置的单元格地址。如果复制公式,相对引用将自动调整。相对引用采用 A1 样式)
R[2]C[2]	对在下面两行、右面两列的单元格的相对引用
R2C2	对在工作表的第二行、第二列的单元格的绝对引用(绝对单元格引用:公式中单元格的精确地址,与包含公式的单元格的位置无关。绝对引用采用的形式为 $A$1)
R[-1]	对活动单元格整个上面一行单元格区域的相对引用
R	对当前行的绝对引用

当用户录制宏时,Excel 将使用 R1C1 引用样式录制一些命令。例如,单击"自动求和"按钮插入对某区域中单元格求和的公式,则 Excel 将使用 R1C1 引用样式,而不是 A1 引用样式来录制该公式。

打开或关闭 R1C1 引用样式的方法为:单击"工具"菜单上的"选项",然后单击"常规"选项卡;接着在"设置"下,选中或清除"R1C1 引用样式"复选框。

(4) 关于公式中的运算符。

运算符对公式中的元素进行特定类型的运算。Microsoft Excel 包含 4 种类型的运算符：算术运算符、比较运算符、文本运算符和引用运算符。

①运算符的类型。

算术运算符：若要完成基本的数学运算，如加法、减法和乘法，连接数字和产生数字结果等，使用算术运算符。见表 3.3。

表 3.3 算术运算符表

算术运算符	含义（示例）
+（加号）	加法运算（3+3）
-（减号）	减法运算（3-1） 负数（-1）
*（星号）	乘法运算（3*3）
/（正斜线）	除法运算（3/3）
%（百分号）	百分比（20%）
^（插入符号）	乘幂运算（3^2）

比较运算符：可以使用下列运算符比较两个值。当用运算符比较两个值时，结果是一个逻辑值，不是 TRUE 就是 FALSE。见表 3.4。

表 3.4 比较运算符表

比较运算符	含义（示例）
=（等号）	等于（A1=B1）
>（大于号）	大于（A1>B1）
<（小于号）	小于（A1<B1）
>=（大于等于号）	大于或等于（A1>=B1）
<=（小于等于号）	小于或等于（A1<=B1）
<>（不等号）	不相等（A1<>B1）

文本连接运算符：使用和号（&）加入或连接一个或更多文本字符串以产生一串文本。见表 3.5。

表 3.5 文本运算符表

文本运算符	含义（示例）
&（和号）	将两个文本值连接或串起来产生一个连续的文本值（"North" & "wind"）

引用运算符：使用以下运算符可以将单元格区域合并计算。见表3.6。

表3.6　　　　　　　　　　　引用运算符表

引用运算符	含义（示例）
：（冒号）	区域运算符，产生对包括在两个引用之间的所有单元格的引用（B5: B15）
，（逗号）	联合运算符，将多个引用合并为一个引用（SUM（B5: B15，D5: D15））
（空格）	交叉运算符产生对两个引用共有的单元格的引用（B7: D7 C6: C8）

②公式中的运算次序。

公式按特定次序计算数值。Excel 中的公式通常以等号（=）开始，用于表明之后的字符为公式。紧随等号之后的是需要进行计算的元素（操作数），各操作数之间以运算符分隔。Excel 将根据公式中运算符的特定顺序从左到右计算公式。

如果公式中同时用到多个运算符，Excel 将按表3.7所示运算符优先级由高到低、同级从左到右的顺序进行运算。见表3.7。

表3.7　　　　　　　　　　公式中的运算符说明

运算符	说明
（）	括号，更改求值的顺序
：（冒号） （单个空格） ，（逗号）	引用运算符
-	负号（例如 -1）
%	百分比
^	乘幂
* 和 /	乘和除
+ 和 -	加和减
&	连接两个文本字符串（连接）
= < > <= >= <>	比较运算符

3.3.2　Excel 2003 简介

Microsoft Office Excel 2003 是一种电子表格程序，可提供对于 XML 的支持以及可使分析和共享信息更加方便的新功能。用户可以将电子表格的一部分定义为列表并将其导出到 Microsoft Windows SharePoint™ Services 网站。Excel 2003 中的智能标记相对于 Microsoft Office XP 更加灵活，并且对统计函数的改进允许用户更加有效地分析信息。

Excel 2003 主要的优势在于以下几点：

1. 扩展工作簿

（1）XML 支持：Excel 中行业标准的 XML 支持简化了在 PC 和后端系统之间访问和捕获信息、取消对信息的锁定以及允许在组织中和业务合作伙伴之间创建集成的商务解决方案的进程。XML 支持使用户可以执行下列操作：将用户的数据公开给围绕业务的 XML 词汇表中的外部进程。以从前无法实现或很难实现的方式组织和处理工作簿以及数据。通过使用 XML 架构，用户现在可以从普通业务文档中标识和提取特定部分的业务数据。通过使用"XML 源"，任务窗格将单元格映射到架构的各元素，将自定义 XML 架构附加到任何工作簿。在将 XML 元素映射到工作表后，用户即可将 XML 数据无缝地导入和导出映射的单元格。

（2）智能文档：智能文档设计用于通过动态响应用户操作的上下文来扩展工作簿的功能。有多种类型的工作簿都以智能文档形式很好地工作着，尤其是在进程中使用的工作簿，例如窗体和模板。智能文档可以帮助用户重新使用现有内容，并且可以使共享信息更加容易。智能文档可以与各种数据库交互并将 BizTalk 用于跟踪工作流。甚至，智能文档可以与其他 Office 程序（如 Microsoft Outlook）交互，而完全不需要离开工作簿或启动 Outlook。

（3）"人名智能标记"菜单：使用"人名智能标记"菜单可以快速查找联系人信息（如人员的电话号码）并完成任务（如排定会议日程）。可在 Excel 中任何出现人名的地方使用该菜单。

2. 分析数据

（1）增强的列表功能：在工作表中创建列表以根据相关数据进行分组和执行操作。用户可以根据现有数据创建列表，也可以从空的范围创建列表。当用户指定一个范围为列表时，可以独立于列表外部的其他数据轻松地管理和分析数据。其他增强的列表功能为：新的用户界面和相应的功能集都面向指定为列表的范围公开。默认情况下，列表中的每一列都已在标题行中启用"自动筛选"，从而允许用户对数据进行快速筛选或排序。深蓝色列表边框清楚地显示了组成列表的单元格的范围。列表框架中包含星号的行称作插入行。在此行中键入信息将自动向列表中添加数据。可将总计行添加到列表中。当用户在该总计行内的单元格上单击时，可从聚合函数的下列列表中进行选取。通过拖动显示在列表边框右下角的尺寸控点可以修改列表的大小。

（2）与 Windows SharePoint Services 通过使用 Windows SharePoint Services，

共享包含在 Excel 列表中的信息。用户可以通过发布列表来创建 Windows SharePoint Services 列表（根据 Windows SharePoint Services 网站上的 Excel 列表）。如果用户选择将列表链接到 Windows SharePoint Services 网站，则用户在 Excel 中对列表所做的任何更改都将在同步列表后反映在 Windows SharePoint Services 网站上。用户也可以使用 Excel 编辑现有 Windows SharePoint Services 列表。用户可以脱机修改列表，然后再同步更改以便更新 Windows SharePoint Services 列表。

（3）增强的统计函数：在工作簿中提供给用户增强的统计函数，包括对四舍五入结果和精度的改进。

3. 共享信息

（1）文档工作区：创建文档工作区以简化在实时模式下与其他人共同写入、编辑和审阅文档的进程。文档工作区网站是一个 Windows SharePoint Services 网站，该网站围绕一个或多个文档，并且通常在用户使用电子邮件以共享的附件形式发送文档时完成创建。

（2）信息权限管理：使用"信息权限管理（IRM）"创建或查看具有受限权限的内容。IRM 允许单独的作者指定谁可以访问和使用文档或电子邮件，并且有助于防止未经授权的用户打印、转发或复制敏感信息。

具有受限权限的内容只能通过使用 Microsoft Office 2003 专业版或 Microsoft Office Word 2003、Excel 2003、Microsoft Office PowerPoint 2003 和 Microsoft Office Outlook 2003 等单独的产品进行创建。

4. 增强用户体验

（1）并排比较工作簿：使用新方法来比较工作簿——并排比较工作簿。并排比较工作簿（使用"窗口"菜单上的"并排比较"命令）使用户可以更加方便地查看两个工作簿之间的差异，而无须将所有更改都合并到一个工作簿中。用户可以同时滚动浏览两个工作簿，以识别这两个工作簿之间的差异。

（2）"信息检索"任务窗格：新的"信息检索"任务窗格提供了各种检索信息和扩展的资源（如果用户具有 Internet 连接）。用户可以使用百科全书、Web 搜索或通过访问第三方内容来根据主题执行搜索。

（3）支持墨迹输入设备（如 Tablet PC）：通过将用户自己的手写文字添加到 Tablet PC 上的 Office 文档来进行快速输入，就像用户在使用笔和打印输出一样。另外，水平查看任务窗格可以帮助用户在 Tablet PC 上进行工作。

3.3.3 安装与删除 Excel 2003

安装与删除 Excel 2003 可以在安装与删除 Office 2003 时进行，也可以在安装了 Office 2003 以后通过安装或删除 Office 中的单个组件来进行。这两种方法都要通过下面第 4 步的维护模式窗口来进行。下面实验通过安装或删除 Office 中的单个组件来安装与删除 Excel 2003 的具体步骤。

如果最初从网络文件服务器或从共享文件夹中安装 Microsoft Office 程序，那么用户必须从该位置安装或删除组件。如果是从光盘上安装 Office 程序，并在安装 Office 程序后将光盘驱动器映射为新的驱动器盘符，应从光盘上重新进行安装。如果是从光盘上运行 Office 程序，则必须卸载 Office 程序并从光盘上重新安装。

（1）退出所有程序。

（2）双击"Windows 控制面板"中的"添加/删除程序"图标，如图 3.11 所示。

图 3.11　Windows 控制面板

（3）执行下列操作之一。

（4）如果安装了作为 Microsoft Office 一部分的 Office 程序，请单击"当前安装的程序"框中的"Microsoft Office"，再单击"更改"按钮，如图 3.12 所示。

（5）如果安装了个别的 Office 程序，请单击"当前安装的程序"框中的程序名称，再单击"更改"按钮。

（6）在弹出的维护模式窗口中选择"添加或删除功能"，再单击"下一步"按钮，如图 3.13 所示。

（7）在弹出的自定义安装窗口中的"Excel"前使用选中（即打勾）来表示安装 Excel，或使用不选中（即不打勾）来表示删除 Excel，然后单击"更新"

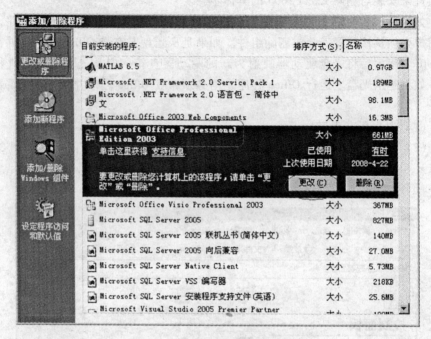

图 3.12 "添加/删除程序"界面

按钮开始安装或删除 Excel 2003,剩余工作按提示进行即可,如图 3.14 所示。

3.3.4 数据录入技巧

Excel 最主要的功能是处理数据,而录入数据往往是我们解决问题的第一个必要步骤。

Excel 2003 可以直接在单元格中输入数据,我们有一些基本的输入技巧可以利用,比如要同时在多个单元格中输入相同数据。可以首先选定需要输入数据的单元格,可以是相邻的,也可以是不相邻的(选取不相邻单元格时要按下 Ctrl 键),然后键入数据,再按下 Ctrl + Enter 键即可,示例如图 3.15 所示。

在输入数据时还要考虑将多种手段联合使用。首先要从数据类型和单元格格式设计开始,再结合其他输入手段进行快速输入。Excel 提供的主要数据类型有数值、文本、日期时间及逻辑型数据 4 类。在录入规定类型的数据时,我们可以将单元格先调整到我们所需要的格式,这样一来,数据的录入就会变得方便快捷。

示例 3-1:某公司为了进行精确的绩效考核,提高工作效率,需要每天统计 A、B、C、D、E 五个销售部门的销售业绩和成本情况,并且要明确标注是否完成任务。对于财务部门的会计而言,每天都需要录入五个部门的销售数据和成

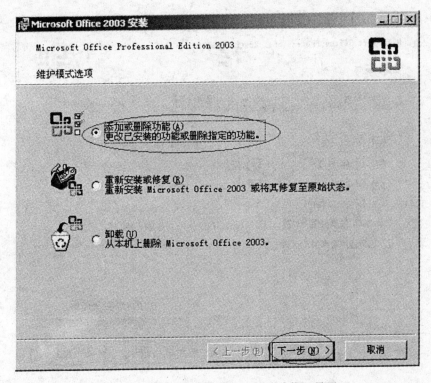

图 3.13 Microsoft 的"添加或删除功能"界面

本数据,并标注出每个部门是否完成任务。这就意味着每天都要做大量重复性的工作。有没有什么办法可以解决这个重复录入的问题呢?

解析:从题目的要求来看,每天需要重复录入的信息包括文本数据——销售部门的名字、数值型数据——销售数据和成本数据、日期时间型数据——每天的日期、逻辑型数据——是否完成任务。事实上,无论是哪种类型的数据,只要我们事前设定好对应单元格区域的格式,就可以轻松录入了。此外,对于重复出现的文本,我们可以使用"自动更正"的功能完成任务。

步骤 1:设定单元格格式。

(1)选中"日期"所在的 A 列,单击右键,在弹出的菜单中选择"设置单元格格式";或者单击菜单"格式"→"单元格"。过程如图 3.16 所示。

(2)在弹出的"单元格格式"对话框中,选择"数字"选项卡,将"分类"选定为"日期",在"类型"中,可以设定各种日期的显示格式,我们可以任意选择其中一种,如图 3.17 所示。

同理,我们可以设定 B 列的"部门"为文本型数据,"销售额"和"成本"

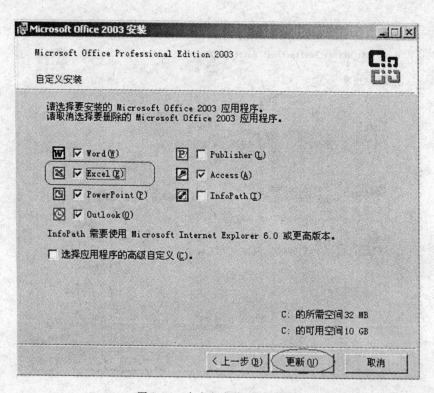

图 3.14 自定义安装 Excel 界面

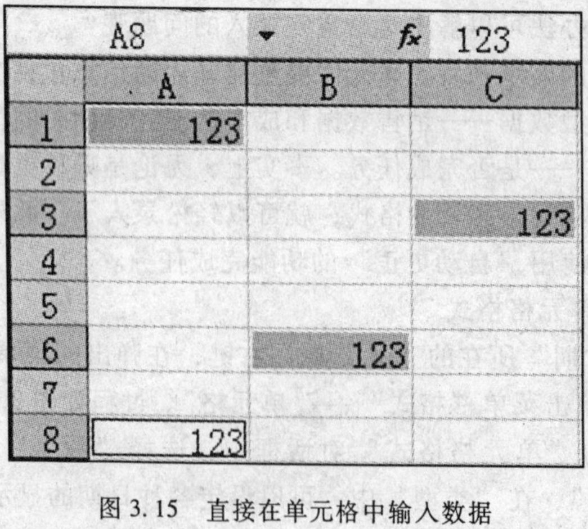

图 3.15 直接在单元格中输入数据

为数值型数据。

3 使用 Microsoft Office Excel 2003

图 3.16 设定单元格格式

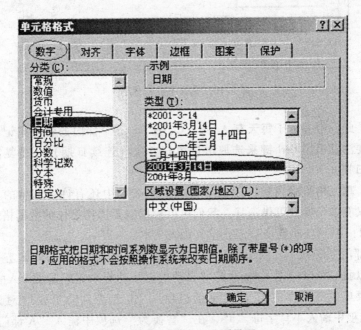

图 3.17 "数字"选项界面

47

(3) 在 A 列输入数据，只需要输入一个日期数据，然后使用日期填充技巧，即将鼠标移到单元格右下角，在指针变成填充柄（实心十字形）后拖动鼠标往下自动填充就可以了，不用重复输入日期。结果如图 3.18 所示。

图 3.18 输入不重复日期

注意：此例中，由于每天有 A、B、C、D、E 五个部门的各一条记录，因此在填充时要注意采用 Ctrl 键来选取增量填充方式（连续日期）还是复制填充方式（相同日期）。

另外，单元格格式窗口所示的"分类"列表框中还有许多其他的项目，每个项目中又有多个参数可供选择。我们可以根据需要选择最佳的数据格式。

步骤2：用"自动更正"简化重复录入文本。

在"部门"一列中，因为我们每次输入的都是 A、B、C、D、E 五个部门的名称，所以我们可以使用：Excel 的"自动更正"功能来完成重复录入的工作。

单击菜单"工具"→"自动更正选项"，弹出"自动更正"对话框，在"替换"选项中输入小写字母"a"，在"替换为"选项中输入"A 部门"，单击"添加"按钮，可以看到成功添加了一行替换规则。如图 3.19 所示。

同样用"b"替换"B 部门"，用"c"替换"C 部门"，用"d"替换"D

部门",用"e"替换"E 部门"。这样,我们在输入部门的时候,只要输入相应的小写字母,Excel 就会自动替换成为我们需要录入的文本。

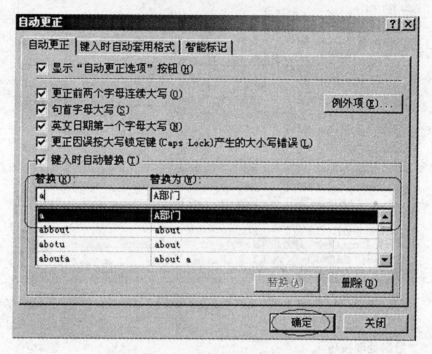

图 3.19 "自动更正"界面

步骤 3:填充"是否完成任务"列。

"是否完成任务"的判断需要对目标值进行比较才能下结论。根据以往的经营数据,该公司为每个部门设定了每天需要完成的任务量。我们只要比较每天的销售额和成本的差额与目标利润,就可以得出结论了。

这一步工作可以通过一个 IF 函数来完成。在单元格 E3 中输入公式"= IF((C3 – D3) > = F3,1, – 1)",其含义是如果当天的销售额与成本之差值大于等于目标利润,则显示为 1,否则显示为 – 1。拉动鼠标将公式填充到下面的单元格区域,即可自动完成所有比较计算。如图 3.20 所示。

其中,为了突出显示"是否完成任务",我们还可以将没有完成任务的值(即显示为" – 1"的值)标注为红色。这个操作也可以在单元格格式中完成。设置方法如图 3.20 所示,在"负数"选项框中选择红色,则所有值为负的单元格就会突出显示为红色了,如图 3.21 所示。

请将本节实验结果保存下来,本书在进行回归分析实验与数据透视表实验时还可以使用。

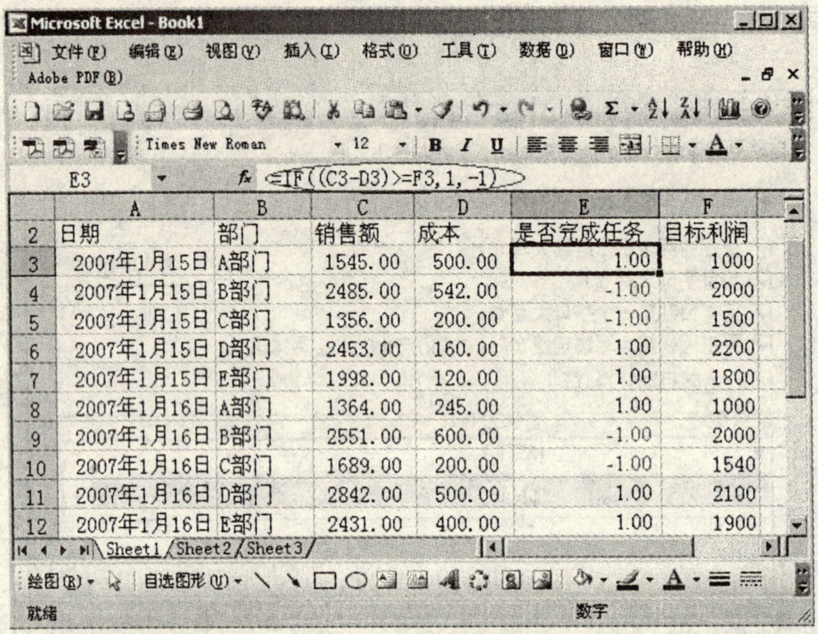

	A	B	C	D	E	F
2	日期	部门	销售额	成本	是否完成任务	目标利润
3	2007年1月15日	A部门	1545.00	500.00	1.00	1000
4	2007年1月15日	B部门	2485.00	542.00	-1.00	2000
5	2007年1月15日	C部门	1356.00	200.00	-1.00	1500
6	2007年1月15日	D部门	2453.00	160.00	1.00	2200
7	2007年1月15日	E部门	1998.00	120.00	1.00	1800
8	2007年1月16日	A部门	1364.00	245.00	1.00	1000
9	2007年1月16日	B部门	2551.00	600.00	-1.00	2000
10	2007年1月16日	C部门	1689.00	200.00	-1.00	1540
11	2007年1月16日	D部门	2842.00	500.00	1.00	2100
12	2007年1月16日	E部门	2431.00	400.00	1.00	1900

图 3.20　填充“是否完成任务”列

3.3.5　数据处理技巧

1. 筛选

筛选是查找和处理区域中数据子集的快捷方法。与排序不同，筛选并不重排区域。筛选只是暂时隐藏不必显示的行。筛选区域仅显示满足条件（所指定的限制查询或筛选的结果集中包含哪些记录的条件）的行，该条件由用户针对某列指定。Microsoft Excel 提供了两种筛选区域的命令：

- 自动筛选，包括按选定内容筛选，它适用于简单条件。
- 高级筛选，适用于复杂条件。

使用筛选命令过程如图 3.22 所示。

Excel 筛选行时，用户可对区域子集进行编辑、设置格式、制作图表和打印，而不必重新排列或移动。

下面举例说明数据筛选操作，读者可以在上一小节绩效考核的基础上操作进行比对实验。

（1）自动筛选。

使用“自动筛选”命令时，自动筛选箭头▼显示于筛选区域中列标签的右侧，如图 3.23 所示。

3 使用 Microsoft Office Excel 2003

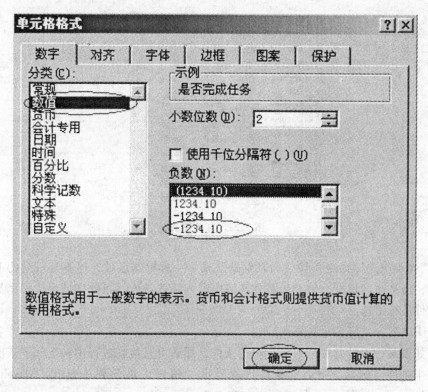

图 3.21 色彩显示示例图

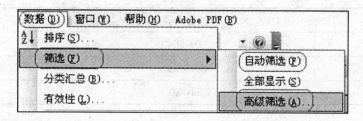

图 3.22 "筛选"命令选择图

其中：① 是未筛选的区域，②是筛选的区域。

用户可以使用自定义自动筛选，以显示含有一个值或另一个值的行。用户也可以使用自定义自动筛选以显示某个列满足多个条件的行，例如，显示值在指定范围内（如 Davolio 的值）的行。

（2）高级筛选。

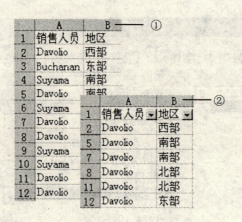

图 3.23 自动筛选

"高级筛选"命令可像"自动筛选"命令一样筛选区域,但不显示列的下拉列表,而是在区域上方单独的条件区域中键入筛选条件。条件区域允许根据复杂的条件进行筛选。

①单列上具有多个条件的筛选。

如果某一列具有两个或多个筛选条件,那么可直接在各行中从上到下依次键入各个条件。例如,下面的条件区域显示"销售人员"列中包含"Davolio"、"Buchanan"或"Suyama"的行,如表 3.8 所示。

表3.8	单列示例表
	销售人员
	Davolio
	Buchanan
	Suyama

对上一小节绩效考核的数据进行"选取 A 部门或 B 部门数据"的过程如图 3.24 所示,其中的 按钮为区域选择按钮。

②多列上具有单个条件的筛选。

若要在两列或多列中查找满足单个条件的数据,请在条件区域的同一行中输入所有条件。例如,下面的条件区域将显示所有在"类型"列中包含"农产品"、在"销售人员"列中包含"Davolio"且"销售额"大于 $ 1 000 的数据行,如表 3.9 所示。

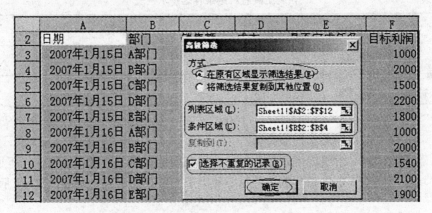

图 3.24 单列上具有多个条件的筛选

表 3.9 多列示例表

类型	销售人员	销售
农产品	Davolio	>1000

③某一列或另一列上具有单个条件的筛选。

若要找到满足一列条件或另一列条件的数据,请在条件区域的不同行中输入条件。例如,下面的条件区域将显示所有在"类型"列中包含"农产品"、在"销售人员"列中包含"Davolio"或销售额大于 $1 000 的行。如表 3.10 所示。

表 3.10 某行或某列示例表

类型	销售人员	销售
农产品		
	Davolio	
		>1000

④两列上具有两组条件之一的筛选。

若要找到满足两组条件(每一组条件都包含针对多列的条件)之一的数据行,请在各行中键入条件。例如,下面的条件区域将显示所有在"销售人员"列中包含"Davolio"且销售额大于 $3 000 的行,同时也显示"Buchanan"销售商的销售额大于 $1 500 的行。如表 3.11 所示。

表 3.11　　　　　　　　两列上具有两组条件之一示例表

销售人员	销售
Davolio	>3000
Buchanan	>1500

⑤一列有两组以上条件的筛选。

若要找到满足两组以上条件的行，请用相同的列标包括多列。例如，下面条件区域显示介于 5 000 和 8 000 之间以及少于 500 的销售额。如表 3.12 所示。

表 3.12　　　　　　　　一列有两组以上条件示例表

销售	销售
>5000	<8000
<500	

⑥将公式结果用作条件的筛选。

可以将公式的计算结果作为条件使用。用公式创建条件时，不要将列标签作为条件标签使用；应该将条件标签置空，或者使用区域中的非列标签。例如，下面的条件区域显示在列 C 中，其值大于单元格区域 C7:C10 平均值的行。如表 3.13 所示。

表 3.13　　　　　　　　将公式结果用作条件示例表

=C7>AVERAGE($C$7:$C$10)

将公式结果用作条件时应注意：

（a）用作条件的公式必须使用相对引用来引用列标签（例如，"销售"），或者引用第一个记录的对应字段。公式中的其他所有引用都必须为绝对引用，并且公式的计算结果必须为 TRUE 或 FALSE。在本公式示例中，"C7" 引用区域中第一个记录（行 7）的字段（列 C）。

（b）可在公式中使用列标签来代替相对单元格引用或区域名称。当 Microsoft Excel 在包含条件的单元格中显示错误值 #NAME? 或 #VALUE! 时，可忽略这些错误，因为它们不影响区域的筛选。

（c）Microsoft Excel 在计算数据时不区分大小写。

(3) 取消筛选。

①若要在区域或列表中取消对某一列进行的筛选,请单击该列首单元格右端的下拉箭头 ,再单击"全部"。

②若要在区域或列表中取消对所有列进行的筛选,请指向"数据"菜单中的"筛选",再单击"全部显示"。

③若要删除区域或列表中的筛选箭头,请指向"数据"菜单中的"筛选",再单击"自动筛选"。

2. 数据有效性设定

操作方法:选定要限制其数据有效性范围的单元格;在"数据"菜单上,单击"有效性"命令,再单击"设置"选项卡,弹出数据有效性设置窗口,如图 3.25 所示。

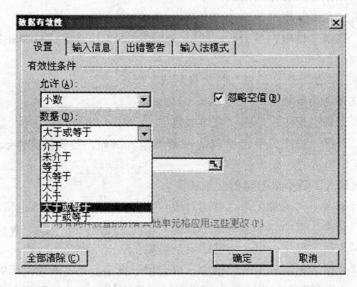

图 3.25 数据有效性设定图

再指定所需的数据有效性类型,指定单元格是否可为空白单元格。若要在单击该单元格后显示一个可选择的输入信息,请单击"输入信息"选项卡,选中"选定单元格时显示输入信息"复选框,然后输入该信息的标题和正文。还可以设置在输入无效数据时,通过"出错警告"选项卡指定 Microsoft Excel 的响应方式。

下面请读者根据这里介绍的数据有效性类型对绩效考核的单元格进行设定。

(1) 有序列的数值。

①在"允许"下拉列表框中,单击"序列"。

②单击"来源"框,然后执行下列操作之一:
(a)若要在框中定义序列,请键入序列值,并用逗号分隔。
(b)若要使用已命名的单元格区域,请键入等号(=),随后键入区域的名称。
(c)若要使用单元格引用,请在工作表上选择单元格,然后按 Enter 键。
③确认选中"提供下拉箭头"复选框。
(2)数字有范围限制。
①请在"允许"框中,单击"整数"或"小数"。
②在"数据"框中,单击所需的限制类型。例如,若要设置上限或下限,请单击"介于"。
③输入允许的最大值、最小值或特定值。
(3)日期或时间有范围限制。
①请在"允许"框中,单击"日期"或"时间"。
②在"数据"框中,单击所需的限制类型。例如,若要使日期在某天之后,请单击"大于"。
③输入允许的开始、结束、特定日期或时间。
(4)文本为指定长度。
①在"允许"框中,单击"文本长度"。
②在"数据"框中,单击所需的限制类型。例如,若要使文本长度不超过指定长度,请单击"小于或等于"。
③输入最大、最小或指定的文本长度。
(5)计算基于其他单元格内容的有效性数据。
①在"允许"框中,单击所需的数据类型。
②在"数据"框中,单击所需的限制类型。
③在"数据"框或其下面的框中,单击用于指定数据有效性范围的单元格。
例如,如果只有在结果不超出预算时,才允许输入账户,则可单击"允许"框中的"小数",再单击"数据"框中的"小于或等于",然后在"最大值"框中单击包含预算的单元格。
(6)使用公式计算有效性数据。
①在"允许"框中,单击"自定义"。
②在"公式"编辑框中,输入计算结果为逻辑值(数据有效时为 TRUE,数据无效时为 FALSE)的公式。例如,如果只有在没有对任意账户(cell D6)做预算时,野餐账户单元格中的数值才有效,并且预算总值(D20)也小于已分配的 40000 美元,则可输入自定义公式 =AND(D6=0, D20<40000)。

练习题

用 Excel 2003 实现课程成绩的录入与评定等级。对具有连续学号的 30 位同学按平时作业（30%）和考试成绩（70%）计算为学生进行成绩总评，其中 90 分以上评定等级为优秀，75～90 分为良好，60～75 分为及格，60 分以下为不及格并用红色字体显示，要求各项成绩均为 0～100 之间的数值。

4 数据仓库设计实验

4.1 实验目的与要求

（1）了解数据仓库设计的基础知识。
（2）掌握多维表设计的方法。
（3）掌握在 SQL Server Management Studio 中新建数据库的方法。
（4）掌握在 SQL Server Management Studio 中进行关系表管理的方法。

4.2 实验内容

（1）理解数据仓库设计的三级数据模型以及设计方法与步骤。
（2）进行多维表设计。
（3）创建新数据库。
（4）创建多维表设计中的各个表。
（5）维护表之间的联系。

4.3 实验操作步骤

本实验包括以下 10 个部分：数据仓库设计的三级数据模型、数据仓库设计方法与步骤、多维表的数据组织、多维表设计、创建数据库、使用表设计器创建新表、创建主键、修改外键、使用数据库关系图设计器、使用查询编辑器。

4.3.1 数据仓库设计的三级数据模型

所谓数据模型，就是对现实世界进行抽象的工具，抽象的程度不同，也就形成了不同抽象级别层次上的数据模型。数据仓库的数据模型与操作型数据库的三级数据模型又有一定的区别，主要表现在：

（1）数据仓库的数据模型中不包含纯操作型的数据。
（2）数据仓库的数据模型扩充了码结构，增加了时间属性作为码的一部分。
（3）数据仓库的数据模型中增加了一些导出数据。

可以看出，上述三点差别也就是操作型环境中的数据与数据仓库中的数据之间的差别，同样是数据仓库为面向数据分析处理所要求的。虽然存在着这样的差别，但在数据仓库设计中，仍然存在着三级数据模型，即概念模型、逻辑模型和物理模型。

1. 概念模型

概念模型是主观与客观之间的桥梁，它是为一定的目标设计系统收集信息而服务的一个概念性的工具。具体到计算机系统来说，概念模型是客观世界到机器世界的一个中间层次。人们首先将现实世界抽象为信息世界，然后将信息世界转化为机器世界，信息世界中的这一信息结构，即是我们所说的概念模型。

概念模型最常用的表示方法是 E-R 法（实体-联系法），这种方法用 E-R 图作为它的描述工具。E-R 图描述的是实体以及实体之间的联系，在 E-R 图中，长方形表示实体，在数据仓库中就表示主题，在框内写上主题名，椭圆形表示主题的属性，并用无向边把主题与其属性连接起来；用菱形表示主题之间的联系，菱形框内写上联系的名字。用无向边把菱形分别与有关的主题连接，在无向边旁标上联系的类型。若主题之间的联系也具有属性，则把属性和菱形也用无向边连接上。

由于 E-R 图具有良好的可操作性，形式简单且易于理解，便于与用户交流，对客观世界的描述能力也较强，在数据库设计方面更得到了广泛的应用。因为目前的数据仓库一般建立在关系数据库的基础之上，为了和原有数据库的概念模型相一致，采用 E-R 图作为数据仓库的概念模型仍然是较为适合的。

2. 逻辑模型

在前面我们已经介绍过，目前数据仓库一般建立在关系数据库基础之上。因此，在数据仓库的设计中采用的逻辑模型就是关系模型。无论是主题还是主题之间的联系，都用关系来表示。由于关系模型概念简单、清晰，用户易懂、易用，有严格的数学基础和在此基础上发展的关系数据理论，关系模型简化了程序员的工作和数据仓库设计开发的工作，当前比较成熟的商品化数据库产品都是基于关系模型的，因此采用关系模型作为数据仓库的逻辑模型是合适的。下面简单介绍关系模型的基本概念。

关系：一个二维表；

元组：表中的一行称为一个元组；

属性：表中的一列称为属性，给每一列起一个名称即属性名；

主码：表中的某个属性组，它们的值唯一地标识一个元组；

域：属性的取值范围；

分量：元组中的一个属性组；

关系模式：对关系的描述，可用关系名（属性名1，属性名2，……，属性名n）表示。

数据仓库设计中的逻辑模型描述就是数据仓库的每个主题对应的关系模式的

描述。

3. 物理模型

所谓数据仓库的物理模型就是逻辑模型在数据仓库中的实现,如物理存取方式、数据存储结构、数据存放位置以及存储分配等。物理模型是在逻辑模型的基础之上实现的,在进行物理模型设计实现时,所考虑的主要因素有:I/O 存取时间、空间利用率和维护代价。在进行数据仓库的物理模型设计时,考虑到数据仓库的数据量大但是操作单一的特点,可采取其他的一些提高数据仓库性能的技术,如:合并表、建立数据序列、引入冗余、进一步细分数据、生成导出数据、建立广义索引等。

4.3.2 数据仓库设计方法与步骤

1. 设计方法

系统的设计一般采取系统生命周期法(Systems Development Life Cycle,SDLC)。而在分析型环境中,DSS 分析员一般是企业的中上层管理人员,他们对决策分析的需求不能预先做出规范说明,只能给设计人员一个抽象模糊的描述。这就要求设计人员在与用户不断的交流中,将系统需求逐步明确与完善。

创建数据仓库的工作是在原有的数据库基础上进行的,那么在原有的数据库系统中有什么呢?有数据还有对数据的处理即应用。我们说,不论是在数据库系统中,还是在数据仓库环境中,一个企业的数据是固定的,即还是那些数据。但数据的处理则是特殊的,对同一数据的处理,在企业的不同部门是不同的,在数据库系统和数据仓库系统中也是不同的。因此,创建数据仓库的工作是在原有的数据库基础上进行的,这"基础"也只能是原有数据库中的数据,即从已经存在于操作型环境中的数据出发来进行数据仓库的建设工作,我们把这种从已有数据出发的数据仓库设计方法称为"数据驱动"的系统设计方法。下面从三个方面来看看"数据驱动"的系统设计方法的基本思路。

(1)"数据驱动"系统设计方法的思路就是利用以前所取得的工作成果来进行系统建设。要利用已有的工作成果,唯一的办法就是要能识别出当前系统设计与已做工作的"共同性",即我们在进行数据仓库系统设计前,需要清楚地知道原有的数据库系统中已有什么,它们对当前系统设计有什么影响,等。要尽可能地利用已有的数据、代码等,而不是什么都从头开始,这是"数据驱动"的系统设计方法的出发点,也是其目的所在。

(2)"数据驱动"的系统设计方法不再是面向应用。从应用需求出发,这些工作已经在数据库系统设计时完成了,其成果就是现有的数据库系统及其在库系统中的数据资源。数据仓库的设计是从这些已有的数据库系统出发,按照分析领域对数据及数据之间的联系重新考察、组织数据仓库中的主题。

(3)"数据驱动"的系统设计方法的中心是利用数据模型有效地识别原有数

据库中的数据和数据仓库中主题的数据的"共同性"。

值得注意的是,数据驱动系统设计方法的中心即数据模型与操作型数据环境的设计、数据仓库数据环境的设计、操作型数据处理应用的开发和设计,以及 DSS 应用的开发与设计。要理解这一点,首先就要理解为什么不去识别处理的"共同性",难道识别处理的"共同性"不重要吗?事实上,如果能识别处理的"共同性"对于利用已取得的工作成果是很重要的,如 DSS 处理例行化体现了识别处理的"共同性"的优点。但是,由于处理的变化比起数据结构的变化要快得多,而且一个处理经常是由与其他处理相关的部分和自己特有的部分这样两部分组成,这两个部分经常是非常紧密地捆绑在一起,是无法分开的,从而有很大的限制性。相比之下,数据具有更大的稳定性,对于不同应用的数据,总可以分出公用数据与独占数据两部分。识别数据的"共同性"之所以更具价值,还因为在识别数据"共同性"的基础上,我们可以相应地得到一些处理的"共同性"。

数据仓库是面向主题的、集成的、不可更新的、随时间不断变化的,这些特点决定了数据仓库的系统设计不能采用同开发传统的 OLTP 一样的设计方法。数据仓库系统的原始需求不明确,且不断变化与增加,开发者不能确切了解到用户的明确而详细的需求,用户所能提供的无非是较大的部分需求,而不能较准确地预见到以后的需求。因此,采用原型法来进行数据仓库的开发是比较合适的。因为原型法的思想是从构建系统简单的基本框架着手,不断丰富与完善整个系统的。但是,数据仓库的设计开发又不同于一般意义上的原型法,数据仓库的设计是数据驱动的。

2. 设计步骤

数据仓库的系统设计是一个动态的反馈和循环的过程。一方面数据仓库的数据内容、结构、粒度、分割以及其他物理设计根据用户所返回的信息不断地调整和完善,以提高系统的效率和性能;另一方面,通过不断地理解用户(确切地讲是领导)的分析需求,向用户提供更准确、更有用的决策信息。在数据库设计时,一个生命周期可以较明确地划分为需求分析、数据库设计、数据库实施及运行维护四个阶段。相比之下,数据仓库设计不具有像数据库设计那样可以明确划分的设计阶段。

尽管如此,数据仓库的设计并不是没有步骤可言的,大体上可以分为以下几个步骤:

- 概念模型设计。
- 技术准备工作。
- 逻辑模型设计。
- 物理模型设计。

- 数据仓库的生成。
- 数据仓库的使用与维护。

下面我们就以这 6 个主要设计步骤为主线，介绍在各个设计步骤中设计的基本内容。

步骤 1：概念模型设计。

进行概念模型设计所要完成的工作包括：

（1）界定系统边界。

从某种意义上讲，界定系统边界的工作也可以看作是数据仓库系统设计的需求分析，因为它将决策者的数据分析的需求用系统边界的定义形式反映出来。

（2）确定主要的主题域及其内容。

在这一步中，要确定系统所包含的主题域，然后对每个主题域的内容进行较明确的描述，描述的内容包括：主题域的公共码键、主题域之间的联系、充分代表主题的属性组。

概念模型设计的成果是：在原有的数据库的基础上建立了一个较为稳固的概念模型。

因为数据仓库是对原有数据库系统中的数据进行集成和重组而形成的数据集合，所以数据仓库的概念模型设计，首先要对原有数据库系统加以分析理解，看在原有的数据库系统中"有什么"、"怎样组织的"和"如何分布的"等，然后再来考虑应当如何建立数据仓库系统的概念模型。一方面，通过原有的数据库的设计文档以及在数据字典中的数据库关系模式，可以对企业现有的数据库中的内容有一个完整而清晰的认识；另一方面，数据仓库的概念模型是面向企业全局建立的，它为集成来自各个面向应用的数据提供了统一的概念视图。

概念模型的设计是在较高的抽象层次上的设计，因此建立概念模型时不用考虑技术条件的限制。

步骤 2：技术准备工作。

这一阶段的工作包括技术评估与技术环境准备。

（1）技术评估。

进行技术评估，就是确定数据仓库的各项性能指标。一般情况下，需要在这一步里确定的性能指标包括：管理大数据量数据的能力、进行灵活数据存取的能力、根据数据模型重组数据的能力、透明的数据发送和接收能力、周期性成批装载数据的能力、可设定完成时间的作业管理能力。

（2）技术环境准备。

一旦数据仓库的体系化结构的模型大体建好后，下一步的工作就是确定我们应该怎样来装配这个体系化结构模型，主要是确定对软硬件配置的要求。我们主要考虑相关的问题，如预期在数据仓库上分析处理的数据量有多大、如何减少或减轻竞争性存取程序的冲突、数据仓库的数据量与通信量有多大等。

根据这些考虑，就可以确定各项软硬件的配备要求，当各项技术准备工作已就绪，就可以装载数据了。这些配备包括：
- 直接存取设备（DASD）。
- 网络。
- 管理直接存取设备（DASD）的操作系统。
- 进出数据仓库的界面（主要是数据查询和分析工具）。
- 管理数据仓库的软件（目前即选用各种商用数据仓库管理系统及有关的解决方案软件，如果购买的 DWMS 产品不能满足数据仓库应用的需要，还应考虑自己或软件集成商开发有关模块等）。

这一阶段的成果是：获得技术评估报告、软硬件配置方案、系统（软、硬件）总体设计方案。

管理数据仓库的技术要求与管理操作型环境中的数据与处理的技术要求区别很大，两者所考虑的方面也不同。所以在一般情况下总是将分析型数据与操作型数据分离开来，将分析型数据单独集中存放，也就是用数据仓库来存放。

步骤3：逻辑模型设计。

在这一步进行的工作主要包括：

(1) 分析主题域，确定当前要装载的主题。

在概念模型设计中，我们确定了几个基本的主题域，但是，数据仓库的设计方法是一个逐步求精的过程，在进行设计时，一般是一次一个主题或一次若干个主题地逐步完成。所以，我们必须对概念模型设计步骤中确定的几个基本主题域进行分析，并选择首先要实施的主题域。选择第一个主题域所要考虑的是：它要足够大，以便使得该主题域能建设成为一个可应用的系统；它还要足够小，以便于开发和较快地实施。如果所选择的主题域很大并且很复杂，我们甚至可以针对它的一个有意义的子集来进行开发。在每一次的反馈过程中，都要进行主题域的分析。

(2) 确定粒度层次划分。

数据仓库逻辑设计中要解决的一个重要问题是决定数据仓库的粒度划分层次，粒度层次划分适当与否直接影响到数据仓库中的数据量和所适合的查询类型。对数据仓库开发者来说，划分粒度是设计过程中最重要的问题之一。所谓粒度是指数据仓库中数据单元的详细程度和级别。数据越详细，粒度越小级别就越低，数据综合度越高，粒度越大级别就越高。在传统的操作型系统中，对数据的处理和操作都是在详细数据级别上的，即最低级的粒度。但是在数据仓库环境中主要是分析型处理，粒度的划分将直接影响数据仓库中的数据量以及所适合的查询类型。一般需要将数据划分为：详细数据、轻度总结、高度总结三级或更多级粒度。不同粒度级别的数据用于不同类型的分析处理。粒度的划分是数据仓库设计工作的一项重要内容，粒度划分是否适当是影响数据仓库性能的一个重要方面。

进行粒度划分，首先要确定所有在数据仓库中建立的表，然后估计每个表的大约行数。在这里只能估计一个上下限。需要明确的是，粒度划分的决定性因素并非总的数据量，而是总的行数。因为对数据的存取通常是通过存取索引来实现的，而索引是对应表的行来组织的，即在某一索引中每一行总有一个索引项，索引的大小只与表的总行数有关，而与表的数据量无关。

第一步是适当划分粒度，估算数据仓库中数据的行数和所需的 DASD (Direct Access Storage Device) 数。计算方法如下：

在每一已知表中，计算一行所占字节数的最大值、最小值；在一年内，统计可能出现的数据行数的最大行数、最小行数；在五年内，统计可能出现的数据行数的最大行数、最小行数。

计算每个表的码所占的字节数（直到计算完所有表）：
一年产生的数据可能占用的最大空间 = 最大值 × 一年内最大行数 + 索引空间
一年产生的数据可能占用的最小空间 = 最小值 × 一年内最小行数 + 索引空间
五年产生的数据可能占用的最大空间 = 最大值 × 五年内最大行数 + 索引空间
五年产生的数据可能占用的最小空间 = 最小值 × 五年内最小行数 + 索引空间

第二步是根据估算出的数据行和 DASD，决定是否要划分粒度；如果要，该如何划分粒度。一般情况下，如果数据行数在第一年内就在 100 000 行左右，那么只有单一粒度（即只有细节数据）是不太合适的，应该考虑粒度的划分，如可以增加一个综合级别。如果数据行数超过了 1 000 000 行，那么就要考虑采用多重粒度。数据行数在五年内如果预计将达到 1 000 000 行，那么也不能仅有细节级的数据，必须选择粒度的划分，如果超过 10 000 000 行，就必须选择多重粒度。五年和一年的标准之所以不同是因为：五年内将有更多的数据仓库领域的专家，硬件的性能价格比将会更好，将会有更强的软件工具，终端用户也会更熟练。

（3）确定数据分割策略。

数据分割是数据仓库设计的一项重要内容，是提高数据仓库性能的一项重要技术。数据的分割是指把逻辑上是统一整体的数据分割成较小的、可以独立管理的物理单元（称为分片）进行存储，以便于重构、重组和恢复，以提高创建索引和顺序扫描的效率。数据的分割使数据仓库的开发人员和用户具有更大的灵活性。

在这一步里，要选择适当的数据分割的标准，一般要考虑以下几方面因素：数据量（而非记录行数）、数据分析处理的实际情况、简单易行以及粒度划分策略等。数据量的大小是决定是否进行数据分割和如何分割的主要因素；数据分析处理的要求是选择分割标准的一个主要依据，因为数据分割是跟数据分析处理的对象紧密联系的；还要考虑到所选择的数据分割标准是否自然和易于实施；同时也要考虑数据分割的标准与粒度划分层次是否适应。

数据仓库中数据分割的概念与数据库中的数据分片概念是相近的。数据库系统中的数据分片有水平分片、垂直分片、混合分片和导出分片多种方式。水平分片是指按一定的条件将一个关系按行分为若干不相交的子集，每个子集为关系的一个片段；垂直分片是指将关系按列分为若干子集，垂直分片的片段必须能够重构原来的全局关系。下面我们以水平分片为例说明。

分割同时也可以有效地支持数据综合。关于这一点，我们在下面结合具体的分割形式来进行讨论。在实际系统设计中，通常采用的分割形式是按时间对数据进行分割，即将在同一时段内的数据组织在一起，并在物理上也紧凑地存放在一起，如将商场的销售数据按季节进行分割，这样分割的理由是商场的经理们经常关心某商品在某个季节的销售情况，如果数据已经是按照季节分割存储好的，就可以大大减小数据检索的范围，从而达到减小物理I/O次数，提高系统性能的目的。按照时间进行数据分割还可以是以时点采样的形式进行，如商品的库存信息的分割，我们将周末的商品库存数据组织在一起，以代表一周的商品库存，实际上实现了样本数据库的粒度形式。

按时间进行数据分割是最普遍的，一是因为数据仓库在获取数据时一般是按时间顺序进行的，同一时间段的数据往往可以连续获得，因而按时间进行数据分割简单易行；二是因为数据仓库的数据综合常常在时间上进行，如需要求得某商品某季节的销售总量等，按时间进行分割的数据便于进行这样的统计。另外，还可以按业务类型、地理分布等对数据进行分割。更多的情况下，数据分割采用的标准不是单一的，往往是多个标准的组合。因为数据仓库中的数据时间跨度较长，如果仅按地理或业务等来分割数据，每一分片上的数据量仍可能很大，所以经常可以将其他标准与时间标准组合使用，而时间几乎是分割标准的一个必然组合部分。

（4）关系模式定义。

数据仓库的每个主题都是由多个表来实现的，这些表之间依靠主题的公共码键联系在一起，形成一个完整的主题。在概念模型设计时，我们就确定了数据仓库的基本主题，并对每个主题的公共码键、基本内容等做了描述。在这一步里，需要对选定的当前实施的主题进行模式划分，形成多个表，并确定各个表的关系模式。

（5）记录系统定义。

数据仓库中的数据来源于多个已经存在的操作型系统及外部系统。一方面，各个系统的数据都是面向应用的,不能完整地描述企业中的主题域,另一方面,多个数据源的数据存在着许多不一致。因此要从数据仓库的概念模型出发,结合主题的多个表的关系模式,确定现有系统的哪些数据能较好地适应数据仓库的需要。这就要求选择最完整、最及时、最准确、最接近外部实体源的数据作为记录系统,同时这些数据所在的表的关系模式最接近于构成主题的多个表的关系模式。记录系统的定义要记入数据仓库的元数据。

逻辑模型设计的成果是,对每个当前要装载的主题的逻辑实现进行定义,内容记录在数据仓库的元数据中,包括:

- 适当的粒度划分。
- 合理的数据分割策略。
- 适当的表划分。
- 定义合适的数据来源等。

步骤4:物理模型设计。

这一步所做的工作是确定数据的存储结构,确定索引策略,确定数据存放位置,确定存储分配。

确定数据仓库实现的物理模型,要求设计人员必须要全面了解所选用的数据仓库和数据库管理系统,特别是存储结构和存取方法;了解数据环境、数据的使用频度、使用方式、数据规模以及响应时间要求等,这些是对时间和空间效率进行平衡和优化的重要依据;了解外部存储设备的特性,如分块原则,块大小的规定,设备的I/O特性等。

(1) 确定数据的存储结构。

一个数据仓库系统或数据库管理系统往往都提供多种存储结构供设计人员选用,不同的存储结构有不同的实现方式,各有各的适用范围和优缺点,设计人员在选择合适的存储结构时应该权衡三个方面的主要因素:存取时间、存储空间利用率和维护代价。

(2) 确定索引策略。

数据仓库的数据量很大,因而需要对数据的存取路径进行仔细设计和选择。由于数据仓库的数据都是不常更新的,因而可以设计多种多样的索引结构来提高数据存取效率。在数据仓库中,设计人员可以考虑对各个数据存储建立专用的、复杂的索引,以获得最高的存取效率,因为在数据仓库中的数据是不常更新的,也就是说每个数据存储是稳定的,因而虽然建立专用的、复杂的索引有一定的代价,但一旦建立就几乎不需要再付出维护索引的代价。

(3) 确定数据存放位置。

同一个主题的数据并不要求存放在相同的介质上,在物理设计时,我们常常要按数据的重要程度、使用频率以及对响应时间的要求进行分类,并将不同类的数据分别存储在不同的存储设备中。重要程度高、经常存取并对响应时间要求高的数据就存放在高速存储设备上，如硬盘；存取频率低或对存取响应时间要求低的数据则可以放在低速存储设备上，如磁盘或磁带。

数据存放位置的确定还要考虑到其他一些方法，如：决定是否进行合并表；是否对一些经常性的应用建立数据序列；对常用的、不常修改的表或属性是否冗余存储。如果采用这些技术，就要记入元数据。

（4）确定存储分配。

许多数据库管理系统提供了一些存储分配的参数供设计者进行物理优化处理，如：块的尺寸、缓冲区的大小和个数等，它们都要在物理设计时确定。这同创建数据库系统时的考虑是一样的。

步骤5：数据仓库的生成。

在这一步里所要做的工作是接口编程，数据装入。

这一步工作的成果是，数据已经装入到数据仓库中，可以在其上建立数据仓库的应用，即DSS应用。

（1）设计接口。

将操作型环境下的数据装载进入数据仓库环境，需要在两个不同环境的记录系统之间建立一个接口。乍一看，建立和设计这个接口，似乎只要编制一个抽取程序就可以了，事实上，在这一阶段的工作中，的确对数据进行了抽取，但抽取并不是全部的工作，这一接口还应具有以下的功能：

- 从面向应用和操作的环境中生成完整的数据。
- 数据的基于时间的转换。
- 数据的凝聚。
- 对现有记录系统的有效扫描，以便以后进行追加，追加有以下几种方法：对操作型数据加时标、创建"delta"文件、使用系统日志或审计日志、修改程序代码、使用前映像或后映像文件。

当然，考虑这些因素的同时，还要考虑到物理设计的一些因素和技术条件限制，根据这些内容，严格地制定规格说明，然后根据规格说明，进行接口编程。

从操作型环境到数据仓库环境的数据接口编程的过程和一般的编程类似，它也包括伪码开发、编码、编译、检错、测试等步骤。

（2）数据装入。

在这一步里所进行的就是运行接口程序，将数据装入到数据仓库中。主要的工作是：

- 确定数据装入的次序。
- 清除无效或错误数据。
- 数据"老化"。

- 数据粒度管理。
- 数据刷新等。

最初只使用一部分数据来生成第一个主题域，使得设计人员能够轻易且迅速地对已做工作进行调整，而且能够尽早地提交到下一步骤，即数据仓库的使用和维护，这样可以在经济上最快地得到回报，又能够通过最终用户的使用，尽早发现一些问题和新的需求，然后反馈给设计人员，设计人员继续对系统改进、扩展。

步骤6：数据仓库的使用和维护。

在这一步中所要做的工作有建立 DSS 应用，即使用数据仓库；理解需求，调整和完善系统，维护数据仓库。

（1）建立 DSS 应用。

建立企业的体系化环境，不仅包括建立起操作型和分析型的数据环境，还应包括在这一数据环境中建立起企业的各种应用。使用数据仓库，即开发 DSS 应用，与在操作型环境中的应用开发有着本质区别，开发 DSS 应用不同于联机事务处理应用开发的显著特点在于：

- DSS 应用开发是从数据出发的。
- DSS 应用的需求不能在开发初期明确了解。
- DSS 应用开发是一个不断循环的过程，是启发式的开发。

DSS 应用主要可分为两类：例行分析处理和启发式分析处理。例行分析处理是指那些重复进行的分析处理，它通常是属于部门级的应用，如部门统计分析，报表分析等；而个人级的分析应用经常是随机性很大的，企业经营者受到某种信息启发而进行的一些即时性的分析处理，可以称之为启发式的分析处理。

（2）理解需求，调整和完善系统，维护数据仓库。

数据仓库的开发采用的是逐步完善的原型法的开发方法，它要求：要尽快地让系统运行起来，尽早产生效益；要在系统运行或使用中，不断地理解需求，改善系统；不断地考虑新的需求，完善系统。

维护数据仓库的工作主要是管理日常数据装入的工作，包括刷新数据仓库的当前详细数据，将过时的数据转化成历史数据，清除不再使用的数据，管理元数据等；另外还包括如何利用接口定期从操作型环境向数据仓库追加数据，确定数据仓库数据刷新频率等。

4.3.3 多维表的数据组织

多维结构展现在用户面前的是一幅幅的多维视图。

假定你是一个百货批发销售商，有一些因素影响你的销售，如商品、时间、商店或流通渠道等。对某一商品，你想知道哪个商店和哪段时间卖得最好或卖得最差；对某一商店，哪个商品在哪段时间的销售最好；在某一时间，哪个商店的哪种产品买得最好或最差。因此,决策支持来帮助你制定销售政策。

这里,商店、时间和产品都是维。各个商店的集合是一维,时间的集合是一维,商品的集合是一维。维就是相同类数据的集合,也可理解为变量维。而每一个商店、每一段时间、每一种商品就是某一维的一个成员。每一个销售事实由一个特定的商店、一个特定的时间、一个特定的商品组成。

维有自己的固有属性:(1)层次结构,对数据进行聚合分析时要用到;(2)排序,在定义变量时要用到。这些属性对进行决策支持是非常有用的。

多维数据库可以直观地表现现实世界中的"一对多"和"多对多"关系。例如,我们希望存放一张销售情况表,假设有三种产品(冰箱、彩电及空调),它们在三个地方(东北、西北和华北)销售。用关系数据库来组织这些数据以记录方式线性存储,而用多维数据库则如表 4.1 所示。

表 4.1   MDDB 数据组织例表

	东北	西北	华北
冰箱	50	60	100
彩电	40	70	80
空调	90	120	140

由表 4.1 可以看出,关系数据库采用关系表来表达某产品在某地区的销售情况,而多维数据库中的数据组织形式采用了二维矩阵的形式。显然,二维矩阵比关系表表达更清晰且占用的存储更少。

现在我们进一步讨论这两种表的差异。如果我们只是要查询像"冰箱在华北的销售量是多少"或"彩电在东北的销售量是多少"一类问题,以及其他只检索某一个数据列的问题,就不必把数据存入一个多维数组。但是如果查询"冰箱的销售总量是多少"这类问题,它是涉及多个数据项求和的查询。在使用关系数据库的情况下,系统必须在大量的数据记录中选出产品名称为"冰箱"的记录,然后把它们的销售量加到一起,这时系统效率必定大大降低。由于关系数据库统计数据的方式是对记录进行扫描,而多维数据库对此类查询只要按行或列进行求和,因而具有极大的性能优势。

多维数据库的响应时间仍然要取决于查询过程中需要求和的数据单元的数目,在使用时,用户希望不管怎样查询,都得到一致的响应时间。为了获得一致的快速响应,决策分析人员所需的综合数据总是被预先统计出来,存放在数据库中。例如,我们可以在关系数据库的表中加上一行总和的记录,用来记录各地区和各产品的销售总额。这张关系表中,由于已经预先对产品在各地区的销售量进行了求和（综合），查询时就不用再进行计算了。如果所求的总和都已经被综合的话，只要读取单个记录就可以回答按产品（或按地区）求和的问题了。这样处理就可以得到快速一致的查询响应。当数据库不算太大时，这种综合效果较好，但当数据库太大时，预先计算这些总和就要花费很长时间。另外，"总和"项破坏了列定义的统一语义，查询时用户必须了解这种约定。

多维数据库的优势不仅在于多维概念表达清晰，占用存储少，更重要的是它有着高速的综合速度。在 MDDB 中，数据可以直接按行或列累加，并且由于 MDDB 中不像关系表里那样重复地出现产品和地区信息，因此其统计速度远远超过 RDBMS，数据库记录数越多其效果越明显。

我们很容易理解一个两维表，如通常的电子表格。对于三维立方体，我们也容易理解。OLAP 通常将三维立方体的数据进行切片，显示三维的某一平面，图形很容易在屏幕上显示出来。若再增加一维，则图形很难想象，也不容易在屏幕上画出来。要突破三维的障碍，就必须理解逻辑维和物理维的差异。

OLAP 的多维分析视图就是冲破了物理的三维概念，采用了旋转、嵌套、切片、钻取和高维可视化技术在屏幕上展示多维视图的结构，使用户直观地理解和分析数据，得到决策支持。

在多维数据模型中还有两个重要的概念是维的层次与类。维的层次是指某个可以存在细节程度不同的多个描述方面。MDDB 中的维一般都包含着层次关系，可用一个树状层次图来表示。

如果一个多维数据库不支持维的层次关系，那么维的多个层次必须分别作为不同的维。这样做的弊端是增加了维的数目，而且，最后形成的数据库将会是一个非常稀疏的数据库。也就是说许多数据单元将不包含数据，例如，一个省包含许多城市，而一个城市仅对应一个省。如果将城市作为一维，省作为另一维，那么就会形成无法接受的稀疏数据矩阵。比如一个城市所对应的列中仅有一个有意义的数据单元，而其他的数据单元都是无意义的。

支持层次关系的多维数据库就不存在这样的问题。需要注意的就是正确地安排维的层次级别。

有关维的层次信息需要存放在元数据中，这样，系统在进行各种综合查询时，就能通过元数据的信息区分不同的维层次，从而正确地执行查询。

简化多维数据库的另一种方法是使用维内元素的"类"的概念。类是指按一定的划分标准对维成员全集的一个分类划分。这里的划分标准常常是像"规格"、"颜色"等描述实体典型特征的属性，我们称之为类属性。用集合论的概念来讲，设维的全体维成员为一个全集，则类就是该全集的一个划分。划分是指全集的这样一些子集，这些子集互不相交，但其和等于全集。对应一个类属性，就有对维成员的一个划分，类属性不同，得到的划分也不同。

维的层次和类是不同的两个概念,它们的区别主要在于:①层次和类表达的意义不同,维层次表达的是维所描述变量的不同综合层次,维成员的类表达的则是某一子集维成员的共同特征;②在层次和类上进行的分析动作不同。在维的层次上进行的分析主要有两种:从维的低层次到高层次的数据综合分析和从维的高层次到低层次的数据钻取分析。这两种分析都是跨越维层次的分析,表现在层次图中,按照维的层次关系进行的分析是对父子结点之间关系的分析,其分析路径就是层次图中从根到叶或者从叶到根的一条路径。

按照维成员的类进行的分析主要有两个目的:分类与归纳。首先选择某个类属性来对维成员的全集进行分类,然后再在分类的基础上归纳总结出类的共同特征(或一类区别于其他类的特征)。表现在层次图中,按照维成员的类进行的分析是对兄弟结点之间关系的分析,因而不可能跨越不同的维层次。

需要指出的是,在实际的数据分析应用中,往往是既要在维的层次关系上,又要在维成员的类上进行错综复杂的数据分析,这就要求将维的层次与类交叉、组合在一起,形成更为复杂的层次图。

4.3.4 多维表设计

1. 多维表的设计步骤

设计多维表的步骤如下:

(1) 确定决策分析需求。如分析销售额趋势,对比产品品牌和促销手段对销售的影响等。

(2) 从需求中识别出事实。如以销售数据为事实。

(3) 确定维。如确定对销售情况的维包括商店、地区、部门、城市、时间、产品等,如图 4.1 所示。

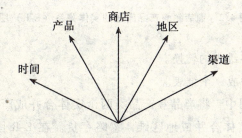

图 4.1 销售情况的多维数据

(4) 确定数据概括的水平。

(5) 设计事实表和维表。

(6) 确定数据需求。

(7) 按使用的 DBMS 和用户分析工具,证实设计方案的有效性。
(8) 随着需求变化修改设计方案。

2. 多维表设计实例

下面通过例子说明如何从业务数据的实体关系(E-R)图变换成一个多维表。

(1) 业务数据的 E-R 图。

商店销售产品问题的 E-R 图如图 4.2 所示。该图包括 6 个实体,每个实体的属性都列出,实体之间的关系表现在连线上的数字。

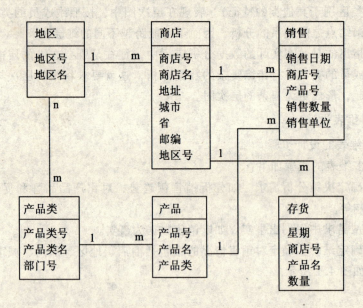

图 4.2 商店销售产品问题的实体关系(E-R)图

(2) E-R 图向多维表的转换。

①同类实体合并成一个维表。

该问题的 E-R 图中,将产品和产品类两个实体合并成产品维(包括部门);将地区和商店两个实体合并成地区维,忽略存货。在 E-R 图中不出现时间维,在多维模型中增加时间维。

②连接多个不同类型实体的实体构成事实表。

在 E-R 图中销售实体连接商店实体和产品实体两个不同类型的实体,销售实体构成事实表。

E-R 图向多维表转换如图 4.3 所示。

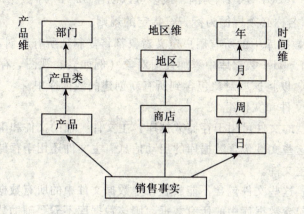

图 4.3 E-R 图向多维模型的转换

③形成星形模型。

在多维模型中,用维关键字将它转换为星形模型,如图 4.4 所示。

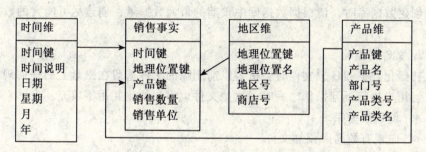

图 4.4 利用维关键字制定的星形模型

4.3.5 创建数据库

若要创建数据库,必须确定数据库的名称、所有者、大小以及存储该数据库的文件和文件组。请注意,所有者是创建数据库的用户。

在创建数据库之前,应注意下列事项:

- 若要创建数据库,必须至少拥有 CREATE DATABASE、CREATE ANY DATABASE 或 ALTER ANY DATABASE 权限。
- 在 SQL Server 2005 中,对各个数据库的数据和日志文件设置了某些权限。如果这些文件位于具有打开权限的目录中,那么以上权限可以防止文件被意外篡改。
- 创建数据库的用户将成为该数据库的所有者。

- 对于一个 SQL Server 实例，最多可以创建 32 767 个数据库。
- 数据库名称必须遵循为标识符指定的规则。
- model 数据库中的所有用户定义对象都将复制到所有新创建的数据库中。可以向 model 数据库中添加任何对象（例如表、视图、存储过程和数据类型），以将这些对象包含到所有新创建的数据库中。

1. 数据库文件和文件组

有三种类型的文件可用于存储数据库：主文件、辅助文件和事务日志。

主文件：这些文件包含数据库的启动信息。主文件还用于存储数据，每个数据库都有一个主文件。

辅助文件：这些文件包含不能放置在主数据文件中的所有数据。如果主文件足够大，能够包含数据库中的所有数据，则该数据库不需要辅助数据文件。有些数据库可能非常大，因此需要多个辅助数据文件，也可能在独立的磁盘驱动器上使用辅助文件以将数据分散到多个磁盘上。

事务日志：这些文件包含用于恢复数据库的日志信息。每个数据库必须至少有一个事务日志文件（尽管可能有多个）。日志文件的大小最小为 512 KB。

创建数据库时，请根据数据库中预期的最大数据量，创建尽可能大的数据文件。

2. 文件初始化

初始化数据和日志文件时会覆盖以前删除的文件遗留在磁盘上的任何现有数据。当用户执行下列操作之一时，这些文件也将初始化并用零填充：

- 创建数据库。
- 向现有数据库添加文件。
- 增加现有文件的大小。
- 还原数据库或文件组。

在 SQL Server 2005 中，可以在瞬间对数据文件进行初始化。这样可以快速执行上述文件操作。

3. 创建数据库的步骤

（1）在对象资源管理器中，连接到 SQL Server 2005 Database Engine 实例，再展开该实例。

（2）右键单击"数据库"，然后单击"新建数据库"。如图 4.5 所示。

（3）在"新建数据库"中，输入数据库名称，如 sales。

（4）若要通过接受所有默认值创建数据库，请单击"确定"；否则，请继续后面的可选步骤。在本实验中请直接单击"确定"即可完成。

（5）若要更改所有者名称，请单击（…）选择其他所有者。

（6）若要启用数据库的全文搜索，请选中"全文索引"复选框。有关详细

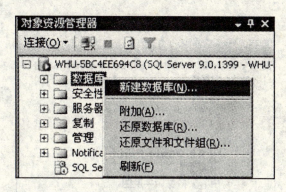

图 4.5 新建数据库示意图

信息,请参阅全文搜索概念。

(7) 若要更改主数据文件和事务日志文件的默认值,请在"数据库文件"网格中单击相应的单元并输入新值。

(8) 若要更改数据库的排序规则,请选择"选项"页,然后从列表中选择一个排序规则。

(9) 若要更改恢复模式,请选择"选项"页,然后从列表中选择一个恢复模式。

(10) 若要更改数据库选项,请选择"选项"页,然后修改数据库选项。

(11) 若要添加新文件组,请单击"文件组"页。单击"添加",然后输入文件组的值。

(12) 若要将扩展属性添加到数据库中,请选择"扩展属性"页。在"名称"列中,输入扩展属性的名称。在"值"列中,输入扩展属性的文本。例如,输入描述数据库的一个或多个语句。

(13) 若要创建数据库,请单击"确定"。

在对象资源管理器中可以看到创建数据库结果如图 4.6 所示。

4.3.6 使用表设计器创建新表

下面进行表的创建。使用表设计器,可以创建新表,对该表进行命名,然后将其添加到现有数据库中。其步骤如下:

(1) 在对象资源管理器中,右键单击数据库 sales 的"表",再单击"新建表"。如图 4.7 所示。

(2) 键入列名,选择数据类型,并选择各个列是否允许空值。

(3) 在"文件"菜单中,选择"保存表名"。

(4) 在"选择名称"对话框中,为该表键入一个名称,再单击"确定"。

图 4.6 创建数据库的结果

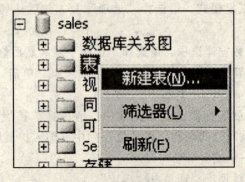

图 4.7 新建表操作示意图

可以看到 sales 数据库中多了一个 dbo.geo_demension 表。如图 4.8 所示。

同理，读者可以创建其他相关表，包括 sales_facts、time_demension 和 product_demension。

在需要增加列的时候，使用表设计器可以向表中添加新列。在表设计器中打开一个表后，用户将在其中看到所有当前定义的列并会在表定义网格底部看到一个空白行。用户可以在该空白行中添加列，或者在现有行之间插入列。

（1）在对象资源管理器中，右键单击要向其添加列的表，再选择"修改"。此时，将打开表设计器，并将光标置于"列名"列的第一个空白单元格中。也

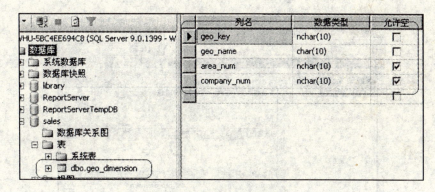

图 4.8　创建新表结果示意图

可以右键单击表中的行，再从快捷菜单中选择"插入列"。

（2）在"列名"列的单元格中键入列名。列名是必须设置的值。

（3）按 Tab 键转到"数据类型"单元格，再从下拉列表中选择数据类型。它也是必须设置的值，如果用户没有作出选择，它将被赋以默认值。

（4）在"列属性"选项卡上继续定义任何其他列属性。

4.3.7　创建主键

定义主键可以对在不允许空值的指定列中输入的值强制其唯一性。如果为数据库中的某个表定义了主键，则可将该表与其他表相关，从而减少对冗余数据的需求。一个表只能有一个主键。

（1）在表设计器中，单击要定义为主键的数据库列的行选择器。若要选择多个列，请在单击其他列的行选择器时按住"Ctrl"键。

（2）右键单击该列的行选择器，然后选择"设置主键"。此时，系统将自动创建名为"PK_"（后跟表名）的主键索引，用户可以单击"表设计器"再选择"索引/键"，在弹出的"索引/键"对话框中看到该索引。如图 4.9 所示。

注意：

- 若要重新定义主键，则必须首先删除与现有主键之间的任何关系，然后才能创建新主键。此时，系统将显示一条消息警告用户：作为该过程的一部分，系统将自动删除现有关系。
- 主键列由其行选择器中的主键符号标识。
- 如果主键由多个列组成，则其中一个列将允许重复值，但是主键中所有列的值的各种组合必须是唯一的。
- 如果定义复合键，则主键中列的顺序将与关系图的表中显示的列顺序相匹配。不过，用户可以在创建主键之后更改列的顺序。

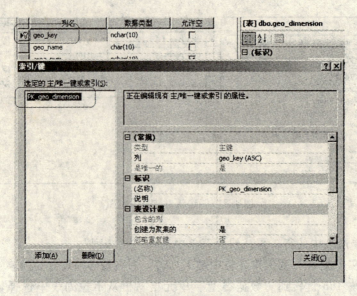

图 4.9　创建主键

4.3.8　修改外键

若要更改与主键表中相关的列，可以修改关系的外键侧。

（1）在对象资源管理器中，右键单击具有外键的表，再单击"修改"。此时，将在表设计器中打开该表。如图 4.10 所示。

图 4.10　修改外键操作示意图

（2）在"表设计器"菜单中，单击"关系"。

（3）在"外键关系"对话框中，从"选定的关系"列表中选择关系。

（4）在网格中，单击"表和列规范"，再单击属性右侧的省略号（…）。如图 4.11 所示。

（5）在"表和列"对话框中，从列表中选择其他表列。如图 4.12 所示。

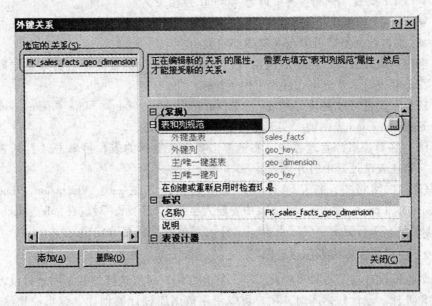

图 4.11 外键关系窗口

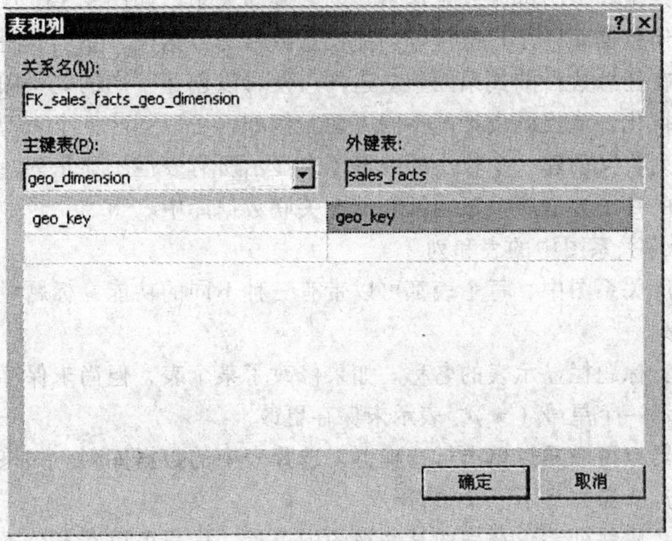

图 4.12 设置外键

同理可以为 product_ dimension、time_ demension 和 sales_ facts 之间设置外键。

一般外键列必须与主键列的数据类型和大小相匹配，但以下情况例外：

- char 列或 sysname 列可以与 varchar 列相关。
- binary 列可以与 varbinary 列相关。
- 别名数据类型可以与其基类型相关。

当用户离开表设计器中的网格时，对关系的属性所做的任何更改将立即生效。在保存表时，系统将在数据库中更改该约束。

现在，读者可以在建好的 geo_ dimension、sales_ facts、time_ demension 和 product_ dimension 表中输入实验数据了。输入方法是：

（1）在对象资源管理器中，右键单击要输入数据的表，再单击"打开表"。此时，将在表设计器中打开该表。

（2）在网格中，按记录行输入实验数据，请在 geo_ dimension、time_ demension 和 product_ dimension 表中各输入至少 3 行记录，对应在 sales_ facts 表中输入至少 27 行记录。然后点击"文件"菜单的"保存选定项"。

4.3.9 使用数据库关系图设计器

数据库设计器是一种可视化工具，它允许用户对所连接的数据库进行设计和可视化处理。设计数据库时，用户可以使用数据库设计器创建、编辑或删除表、列、键、索引、关系和约束。为使数据库可视化，用户可创建一个或多个关系图，以显示数据库中的部分或全部表、列、键和关系，如图 4.13 所示。

对于任何数据库，用户都可以创建任意数目的数据库关系图，每个数据库表都可以出现在任意数目的关系图中。这样，便可以创建不同的关系图使数据库的不同部分可视化，或强调设计的不同方面。例如，可以创建一个大型关系图来显示所有表和列，又创建一个较小的关系图来显示所有表但不显示列。

所创建的每个数据库关系图都存储在关联数据库中。

1. 数据库关系图中的表和列

在数据库关系图中，每个表都可以带有三种不同的功能：标题栏、行选择器和一组属性列。

标题栏：标题栏显示表的名称。如果修改了某个表，但尚未保存该表，则表名末尾将显示一个星号（*），表示未保存更改。

行选择器：可以通过单击行选择器来选择表中的数据库列。如果该列是表的主键，则行选择器将显示一个键符号。

属性列：属性列组仅在表的某些视图中可见。用户可以在五个不同视图中的任何一个视图中查看表，以帮助用户管理关系图的大小和布局。

2. 数据库关系图中的关系

在数据库关系图中，每个关系都可以带有三种不同的功能：终结点、线型和相关表。

终结点：线的终结点表示关系是一对一还是一对多关系。如果某个关系在一

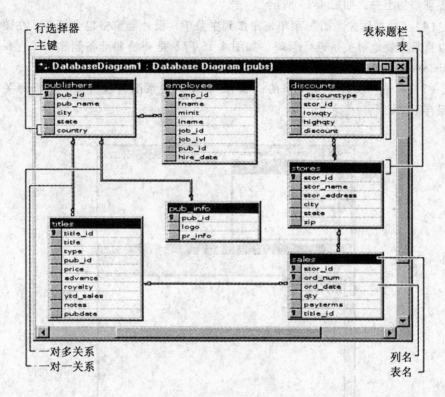

图 4.13 数据库关系图设计器说明

个终结点处有键,在另一个终结点处有无穷符号,则该关系是一对多关系。如果某个关系在每个终结点处都有键,则该关系是一对一关系。

线型:线本身(非其终结点)表示当向外键表添加新数据时,数据库管理系统(DBMS)是否强制关系的引用完整性。如果为实线,则在外键表中添加或修改行时,DBMS 将强制关系的引用完整性。如果为点线,则在外键表中添加或修改行时,DBMS 不强制关系的引用完整性。

相关表:关系线表示两个表之间存在外键关系。对于一对多关系,外键表是靠近线的无穷符号的那个表。如果线的两个终结点连接到同一个表,则该关系是自反关系。

3. 打开新的数据库关系图

用户可以通过打开新关系图或现有的关系图来打开数据库关系图设计器。

(1)在对象资源管理器中,右键单击相应数据库的"数据库关系图"节点。

(2)在弹出菜单中,单击"添加新关系图"。

(3)在"添加表"对话框中,选择要在关系图中处理的表。请将新建的 4

张表都添加上去。如图4.14所示。

(4)"数据库关系图"菜单将添加到主菜单,设计器窗格也会打开。在图中可以直观方便地对关系进行管理,如图4.15所示是查看和准备删除 sales_ facts 与 time_ demension 之间关系时的示意图。

(5)单击"文件"菜单下的"保存",输入关系图名就可以将数据库关系图保存下来。

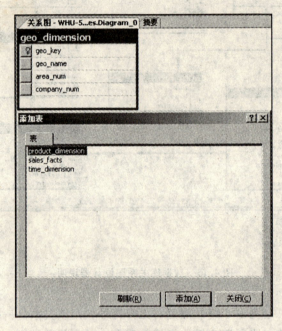

图4.14 "添加表"对话框

4. 打开现有的数据库关系图的步骤

(1)在对象资源管理器中,右键单击"数据库关系图"结点下的相应关系图。

(2)在下拉菜单中,单击"修改"。

(3)"数据库关系图"菜单将添加到主菜单,该关系图也会在设计器窗格中打开。

4.3.10 使用查询编辑器

查询编辑器包含以下窗口:

- 查询编辑器。此窗口用于编写和执行脚本。
- 结果。此窗口用于查看查询结果。此窗口可以在网格或文本中显示结果。

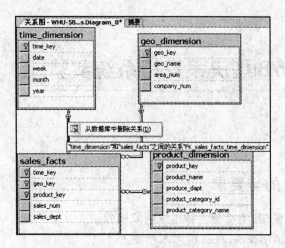

图 4.15 查看和准备删除 sales_ facts 与 time_ demension 之间关系

- 消息。此窗口显示有关查询运行情况的信息。例如,"消息"窗口将显示返回的任何错误或行数。
- 客户端统计信息。此窗口显示有关划分为不同类别的查询执行的信息。

访问 SQL Server Management Studio SQL 查询编辑器的步骤:

(1) 在"文件"菜单上,单击"新建",再单击"文件"。系统将显示"新建文件"对话框。

(2) 在"类别"下,单击要创建的查询类型。例如,若要创建 Transact-SQL 查询,请单击"SQL Server 查询"。

(3) 在"模板"框中,单击要编写的查询类型。例如,要创建 Transact-SQL 查询,请单击"SQL Server 查询"。

(4) 单击"打开"。系统将显示"连接到 SQL Server"对话框。

(5) 在"服务器实例"列表框中,键入或选择服务器名称,再单击"连接"。系统将显示查询窗口。

(6) 在查询编辑器中可以编辑查询,并通过单击"文件"菜单下的"保存"保存下来。

练习题

新建一个名为"test"的数据库,使用数据库设计器在 test 中创建本实验中给出的 4 个表 geo_ demension、sales_ facts、time_ demension 和 product_ dimension,并创建和编辑它们所包含的列、键、索引和关系等。

5 DW/BI型决策支持系统实验

5.1 实验目的与要求

（1）了解 DW/BI 型决策支持系统的基础知识。
（2）掌握 Analysis Services 的基本功能。
（3）掌握使用 Analysis Services 进行开发的方法。
（4）掌握使用 Analysis Services 进行决策分析的方法。

5.2 实验内容

（1）理解数据仓库系统结构。
（2）练习使用 Analysis Services 的基本功能。
（3）基于数据仓库设计实验的结果构建多维数据集。
（4）在多维数据集上进行 OLAP 决策分析。

5.3 实验操作步骤

本实验包括以下 3 部分：数据仓库与决策支持、熟悉 Analysis Services、使用 Analysis Services 进行开发与决策分析。

5.3.1 数据仓库与决策支持

当信息化的浪潮席卷全球的时候，世界各地的公司都花大力气建立自己的数据仓库和数据库，利用现代的信息技术来管理公司，以求在竞争日趋激烈的全球经济中保持竞争力，越来越多的关键性数据存入了数据仓库和数据库。目前，数据仓库和数据库的数据量正在变得越来越惊人。尽管超大容量的存储设备替我们保存了许多宝贵的数据，但数据库技术的发展是否能满足数据量增长的要求呢？存放在数据库中的数据的利用率是否就很高了呢？回答是否定的，大量的数据被锁入计算机系统的迷宫中，数据库变成了数据监狱。由于数据仓库中惊人的数据量，数据仓库像数据库一样变成数据监狱的可能性大大增加。对于一个企业来说，仅拥有数据仓库，而没有高效的数据分析工具来利用其中的数据，就如同守着一座储量丰富的金矿,却不知道如何去采掘。

在当前这一场信息革命之中,在激烈的竞争面前,迫切需要出现一种新的模式来处理这些浩若烟海的数据。这需要有强大的工具来收集和整理数据,更需要强大的数据分析工具来使用这些数据,使之转变成为对企业的决策有价值的信息资源。数据仓库的最终的目标是尽可能让更多的公司管理者方便、有效和准确地使用数据仓库这一集成的决策支持环境。为实现这一目标,为用户服务的前端工具必须能被有效地集成到新的数据分析环境中去。因为在数据仓库的整个结构中,前端工具是最直观、最能让用户感受到数据仓库环境的部分。如果所选择的前端工具不能给最终用户提供灵活自主的信息访问权利、丰富的数据分析与报表功能,那么数据仓库中的数据就不能得到充分利用。

(1) 数据仓库系统的结构。

数据仓库系统(Data Warehouse System)以数据仓库为基础,通过查询工具和分析工具,完成对信息的提取,满足用户的各种需求。由此可得数据仓库体系,结构如图5.1所示。

图中包括数据仓库层、工具层及它们之间的相互关系。数据仓库是大量集成化数据的集合,它的主体由关系数据库构成,但是某些层次的数据也可能由其他类型的数据(如多维数据)组成。各类分析工具与数据仓库的不同数据层连接,不同的用户可以从不同的数据层次,利用不同的分析工具来提取不同类型的信息。

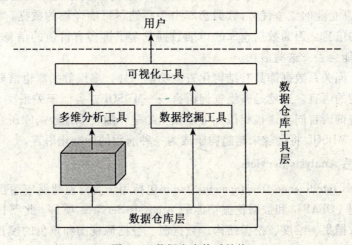

图 5.1 数据仓库体系结构

数据仓库系统是多种技术的综合体,它由数据仓库(DW)、数据仓库管理系统(DWMS)、数据仓库工具三个部分组成。在整个系统中,数据仓库居于核心地位，是数据挖掘的基础；数据仓库管理系统负责管理整个系统的运转；数据仓库工具则是整个系统发挥作用的关键，只有通过高效的工具，数据仓库才能发挥数据宝库的作用。

(2) 数据仓库查询。

数据仓库和数据库不同，它保存的是大量主题数据和历史数据，一般不作修改，因此，用户对数据仓库的工作主要是查询和分析。数据仓库的查询和数据库查询有很大区别。对数据库的查询很简单，每次返回的数据量也很小。查询时，一般知道自己要找什么。由于这些特点，数据库的大小对系统性能影响不大。

对数据仓库的查询大多非常复杂，主要有两种：一种以报表为主，从数据仓库中产生各种形式的业务报表。这种查询是预先规划好的查询(pre-defined query)；另一种则是随机的、动态的查询(ad-hoc query)，对查询的结果是不能预料的。

由于数据仓库的查询有其复杂性，所以会经常使用多表的连接、累计、分类和排序等操作。这些操作都要对整个表进行搜索，每次查询返回的数据量一般都很大。对于 Ad-Hoc 查询而言，经常需要根据上次查询的结果进行进一步的搜索。

在数据仓库查询中还要预先考虑几个问题。①数据仓库的可扩展能力。当数据仓库投入使用后，各业务部门的要求会越来越多，使得数据仓库中数据量的增长速度加快。因此，设计数据仓库时，对可扩展能力必须考虑。②数据仓库的并行处理能力。数据仓库的并行处理能力是另一个必须考虑的问题。鉴于数据仓库查询的复杂性，每个查询必须占用很多的系统资源，如果并行处理能力不强，当多个用户同时发出查询请求时，响应时间可能长得不可容忍。为了更准确地分析市场发展规律，提高企业的竞争优势，数据仓库中要存储尽可能详细的数据，为决策提供更加可靠的信息。因为数据仓库的详细数据包含了许多有价值的信息，经过综合处理后，可能会丢失这些信息。

另外，同关系数据库具有结构化查询功能一样，多维数据库也需要一种能表达多维查询的语言。这就是多维查询语言——MDSQL。类似于关系型 SQL 语言，这种多维查询语言同英语很相似。可以预见的是，随着多维数据库研究与应用的不断发展，MDSQL 将会越来越趋向于成为一种通用的标准化语言。

5.3.2 熟悉 Analysis Services

Business Intelligence Development Studio 包括用于为商业智能应用程序开发联机分析处理 (OLAP) 和数据挖掘功能的 Analysis Services 项目。此项目类型包括用于多维数据集、维度、挖掘结构、数据源、数据源视图和角色的模板，并提供用于处理这些对象的工具。

Business Intelligence Development Studio 是用来开发 SQL Server 2005 Analysis Services (SSAS) 中的开发联机分析处理 (OLAP) 多维数据集和数据挖掘模型的环境。Business Intelligence Development Studio 是 Microsoft Visual Studio 2005 环

境，包含了特定于商业智能解决方案的增强功能。在 Visual Studio 2005 中使用"新建项目"对话框创建了新的 Analysis Services 项目后，将打开 Business Intelligence Development Studio。

Business Intelligence Development Studio 提供了几个特有的功能，可用于处理 Analysis Services 项目，以及将 Analysis Services 项目与 Reporting Services 和 Integration Services 进行集成。

Business Intelligence Development Studio 中的设计图面是针对在 Analysis Services 中处理的每个对象而专门设计的。例如，有一个设计器用于处理数据挖掘模型，名为数据挖掘设计器，还有一个用于处理多维数据集，名为多维数据集设计器。位于设计图面右侧的解决方案资源管理器可供用户在设计图面间导航以及管理项目中的项。Business Intelligence Development Studio 还包含了一个部署窗口和一个"属性"窗口；前者显示部署进度，后者供用户更改所选对象的属性。

以下部分说明了 Analysis Services 特有的 Business Intelligence Development Studio 的各组件。

（1）Analysis Services 解决方案资源管理器。

可以使用解决方案资源管理器在项目的不同组件之间移动。双击文件夹中的一个项，可打开关联的设计器；右键单击一个文件夹，可在文件夹中添加新项。

打开新的 Analysis Services 项目时，解决方案资源管理器将包含下列项目项。

- "数据源"文件夹。数据源提供可在项目中的 OLAP 多维数据集和数据挖掘模型间共享的链接。
- "数据源视图"文件夹。数据源视图提供数据源中数据的子集，还可以包含命名查询和命名计算。数据源视图还可以在项目中的多个 OLAP 多维数据集和数据挖掘模型之间共享。可以将数据源视图中的表、视图或命名查询指定为 OLAP 多维数据集或数据挖掘模型的数据源。
- 多维数据集。多维数据集表示分组为几个度量值组并通过维度按层次结构进行组织的一组度量值。多维数据集通常基于从关系数据源（如 OLTP 数据库、数据仓库或数据市场）中检索的数据进行构造。
- 维度用于在 Analysis Services 中组织多维数据集中的数据。维度结合使用层次结构与属性来表示多维数据集中的分类级别。
- 挖掘结构。挖掘结构定义基于其生成挖掘模型的数据域，单个挖掘结构可以包含多个共享相同域的挖掘模型。
- 角色。角色用于在 Analysis Services 中管理 OLAP 和数据挖掘对象以及数据的安全性。
- 程序集。Analysis Services 提供了在 Analysis Services 实例或数据库中添加程序集的功能。

- "杂项"文件夹。如果在 Analysis Services 项目中添加了其他类型的文件（如文档或图像），这些文件应归入"杂项"文件夹。

（2）Analysis Services 设计器。

在 Business Intelligence Development Studio 中，可以在 Analysis Services 项目中使用下列设计器。若要使用设计器，要在解决方案资源管理器中打开与其关联的项目项。

- 数据源视图设计器。数据源视图设计器提供了一种环境，可用于在数据源视图中添加和删除对象、指定逻辑主列、定义表间关系、用其他表或命名查询替换表以及在现有表中添加命名计算。
- 多维数据集设计器。多维数据集设计器提供了一种可用于配置多维数据集以及多维数据集中对象的环境。针对国际性应用，可以添加 Analysis Services 对象的翻译。对于已处理的多维数据集，用户可以浏览多维数据集结构并查看数据。
- 维度设计器。维度设计器提供了一种可用于配置维度和维度中对象的环境。针对国际性应用，用户可以添加维度元数据的翻译。对于已处理的维度，用户可以浏览维度结构并查看数据。
- 数据挖掘设计器。数据挖掘设计器提供了一种可用于创建、浏览和使用数据挖掘模型的环境。

（3）Analysis Services 菜单。

Business Intelligence Development Studio 包含下列可用于 Analysis Services 项目的自定义菜单项。

- 数据库。使用"数据库"菜单选项，可以更改与当前 Analysis Services 项目关联的 Analysis Services 数据库。
- 多维数据集。使用"多维数据集"菜单选项，可在多维数据集设计器中导航，或执行特定于解决方案资源管理器中所选多维数据集的操作。
- 维度使用"维度"菜单选项，可在维度设计器中导航，或处理在解决方案资源管理器中选择的维度。
- 挖掘模型。使用"挖掘模型"菜单选项，可在数据挖掘设计器中导航，或执行特定于设计器中所选选项卡或选项的任务。

（4）Analysis Services 工具/选项。

在"选项"对话框中，用户可以设置下列特定于 Analysis Services 的选项。若要访问"选项"对话框，请从"工具"菜单中选择"选项"。

- 连接和查询超时。用于设置连接到 Analysis Services 实例的默认超时值，以及对 Analysis Services 实例进行查询的默认超时值。超时值以秒为单位。

- 默认的部署服务器版本。用于设置项目将部署到的服务器的版本,以及调整新创建项目的默认值。此属性是特定于该版本的设计器验证的基础。可以选择下列其中一个选项:开发人员版、企业版、评估版、标准版。
- 默认的目标服务器。指定新项目的默认服务器。
- 数据挖掘查看器。用于调整数据挖掘查看器中使用的默认颜色。

5.3.3 使用 Analysis Services 进行开发与决策分析

(1) 通过菜单选择 Visual Studio 2005 新建项目,如图 5.2 所示。

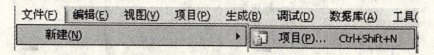

图 5.2 新建项目命令

再在新建项目窗口中,选择 Analysis Services 项目,进行命名后单击确定,如图 5.3 所示。

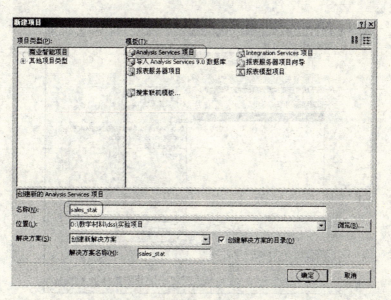

图 5.3 新建 Analysis Services 项目

(2) 在解决方案资源管理器中,选择数据源文件夹,右击,选择"新建数据源",将启动新建数据源向导,如图 5.4 所示。

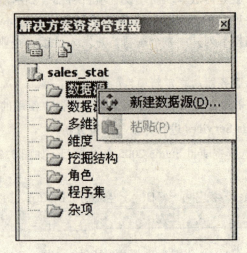

图 5.4 新建数据源

(3) 点击数据源向导窗口中的新建,将出现连接配置对话框,如图 5:5 所示。

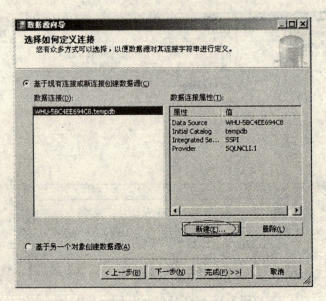

图 5.5 连接配置对话框

(4) 在"服务器名"中输入上一章中使用的数据库服务器的名字,在"连接或输入一个数据库名"中输入上一章中创建的数据库名。用户在 SQL Server

Management Studio 的对象资源管理器中可以找到,如图 5.6 所示。

图 5.6　数据库服务器与数据库名

在连接管理器窗口中输入对应数据后点击确定,如图 5.7 所示。

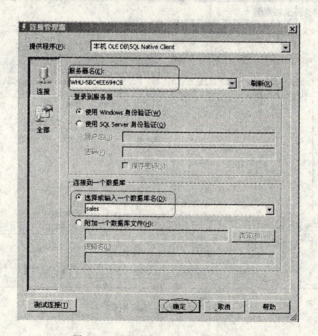

图 5.7　连接管理器窗口中的操作

(5) 回到数据源向导窗口,单击"完成";再配置连接数据源的账号,按向导提示至完成，可以看到解决方案资源管理器中出现了一个新数据源。

（6）选择数据源视图文件夹，右击，选择新建数据源视图，如图 5.8 所示。

图 5.8　新建数据源视图

（7）将含有所需数据的表加入到"包含的对象"中，再按向导提示操作即可，如图 5.9 所示。

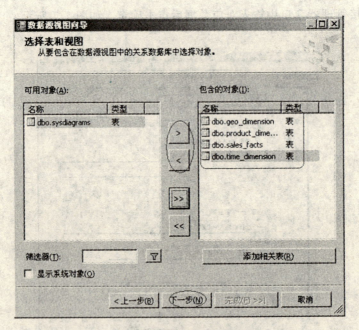

图 5.9　数据源视图向导

（8）选择多维数据集文件夹，右击，选择新建多维数据集（Cube）。在向导中，生成方法按默认选择"使用数据源生成多维数据集"，数据源视图选择上一步建好的数据源视图，再选择好维和事实所在表以及度量值，如图 5.10 所示。

图 5.10 选择维和事实所在表

图 5.11 为维度选择示意图。

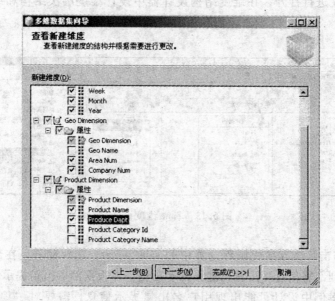

图 5.11 维度选择示意图

图 5.12 为多维数据集向导完成界面。

图 5.12 多维数据集向导完成界面

（9）对维度还要进行层次机构和级别设计。在解决方案资源管理器中，分别对三个维度进行打开，在维度结构设计器中设计维度层次结构和级别。如图 5.13 所示。

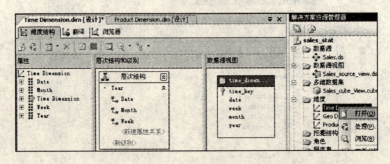

图 5.13 Time 维度设计

（10）右击解决方案资源管理器中的 sales_ stat，选择部署，在部署进度窗口中可以看到部署信息。注意：如果部署出错，要根据部署出错提示信息进行调整。如按本案例中设计可能出现用户名出错提示信息，需要对"编辑数据库"的属性页内容中的"安全性"进行修改，改为"使用服务账户"。当出现如图 5.14 所示的状态时表示部署成功。

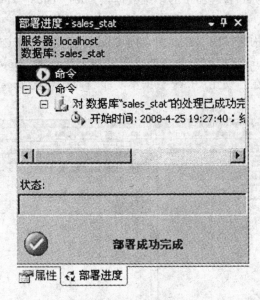

图 5.14 部署信息窗口

（11）在部署后右击解决方案资源管理器中的 sales_ stat，选择"处理"。在弹出窗口中选择"运行"，可以看到处理中对维度的处理窗口和对度量值的处理窗口。图 5.15 为对度量值的处理窗口。

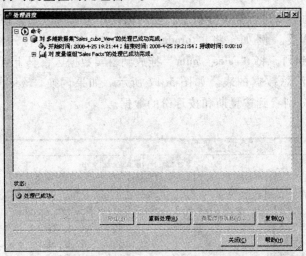

图 5.15 对度量值的处理窗口

（12）右击解决方案资源管理器中的 sales_ stat，选择"生成"；生成成功后,右击解决方案资源管理器中的多维数据集 sales_ cube_ view,选择"浏览",进入浏览设计界面,如图 5.16 所示,其左边窗口显示了 cube 中的事实和维,右边窗口支持拖放的构建试图,在此窗口内可以支持对 cube 实施多维数据操作。

注意:sales_ stat 数据库中的多维数据集 sales_ cube_ view 被存储在 analysis service 服务器上,在"使用 OLAP 数据集实验"时还要从 Excel 2003 访问它。

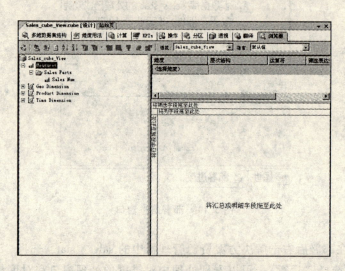

图 5.16 浏览多维数据集 sales_ cube_ view

(13)下面可以进行决策分析了。在浏览设计窗口可以很方便地改变观察数据的内容和角度。例如,将"product_ name"拖放到行,将"week"和"month"拖放到列,将"sales_ num"拖放到事实数据区,马上可以看到动态生成的有明细和汇总数据的表。如图 5.17 所示。如果调换"week"和"month"的次序,可以分别看到按星期和按月份的数据。

将筛选字段拖至此处			
	Week ▼	Month ▼	
	⊞1	⊞2	总计
Product Name ▼	Sales Num	Sales Num	Sales Num
电冰箱	787	1383	2170
电视机	541	1609	2150
计算机	570	1613	2183
总计	1898	4605	6503

图 5.17 调换"week"和"month"的次序进行查看界面

（14）将"month"拖放到筛选区，选择 2 月份的数据，可以看到下面变成了由条件"month = 2"筛选过的统计数据。如图 5.18 所示。

Month			
2			
	Week		
	1	2	总计
Product Name	Sales Num	Sales Num	Sales Num
电冰箱	787	730	1517
电视机	541	930	1471
计算机	570	566	1136
总计	1898	2226	4124

图 5.18 由条件"month = 2"筛选过的统计数据

（15）通过在任意事实单元格右击，选择"显示为"中的选项，可以以百分比的形式查看数据。如图 5.19 所示。

Month			
2			
	Week		
	1	2	总计
Product Name	Sales Num	Sales Num	Sales Num
电冰箱	19.08%	17.70%	36.78%
电视机	13.12%	22.55%	35.67%
计算机	13.82%	13.72%	27.55%
总计	46.02%	53.98%	100.00%

图 5.19 以百分比的形式查看数据

（16）将维的层次折叠和展开可以查看不同粒度的数据。如图 5.20 所示，可以将"time"维在三个层次很方便地进行察看。

（17）另外，还可以使用 SQL Server Management Studio 的查询功能对 sales_cube_ view 多维数据集进行分析。

先启动 Microsoft SQL Server 2005 的 SQL Server Management Studio 连接到分析服务。如图 5.21 所示。

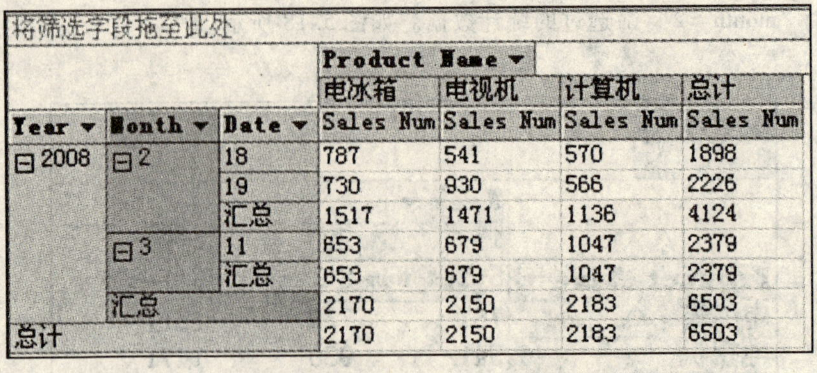

将筛选字段拖至此处

Year	Month	Date	Product Name: 电冰箱 Sales Num	电视机 Sales Num	计算机 Sales Num	总计 Sales Num
⊟2008	⊟2	18	787	541	570	1898
		19	730	930	566	2226
		汇总	1517	1471	1136	4124
	⊟3	11	653	679	1047	2379
		汇总	653	679	1047	2379
	汇总		2170	2150	2183	6503
总计			2170	2150	2183	6503

图 5.20 “time” 维的三个层次

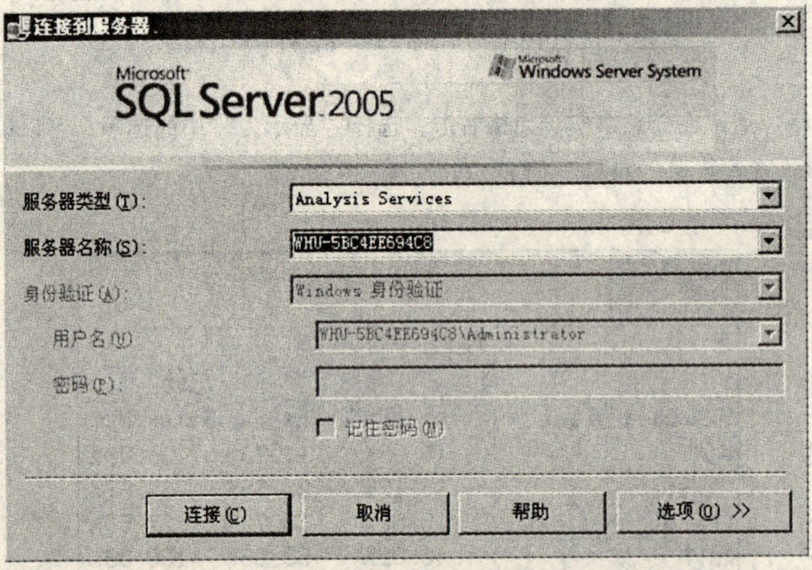

图 5.21 连接到分析服务

(18) 在 SQL Server Management Studio 的新建查询窗口，用户可以用拖放的方式编写对 sales_ cube_ view 多维数据集的查询命令。图 5.22 是一个简单的查询示例。

5 DW/BI 型决策支持系统实验

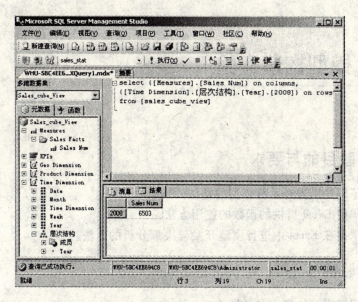

图 5.22 在 SQL Server Management Studio 中执行对多维数据集的查询

练习题

创建新的 Analysis Services 项目来熟悉使用 Analysis Services 进行开发与决策分析的方法,在重复本实验过程时,看看如果只选择 sales_ facts 而不是 4 个表会有什么不同?能否改变表 sales_ facts 的设计来达到同样的使用效果?

6 模型构造实验

6.1 实验目的与要求

（1）了解决策支持系统模型的基础知识。
（2）掌握 Excel 提供的函数的使用方法。
（3）掌握在 Excel 中进行模型开发与决策分析的方法。

6.2 实验内容

（1）理解模型的概念和类别。
（2）练习使用 Excel 的投资决策函数：NPV、XNPV、IRR、XIRR 和 MIRR。
（3）根据要求构建投资指标决策分析模型，并用以进行决策分析。

6.3 实验操作步骤

本实验包括以下 4 部分：DSS 模型概述、数学模型的分类、使用 Excel 的投资决策函数、构建投资指标决策分析模型。

6.3.1 DSS 模型概述

DSS 的主要特点是至少包含一个模型，DSS 的基本思想是运行 DSS 分析现实系统的模型，而不是现实系统。

模型是对于现实世界的事物、现象、过程或系统的简化描述，由于现实太复杂而难以精确复制，并且在求解特定问题时，许多复杂性是不相关的，所以通常可对现实系统进行简化。在一般的意义下模型是模仿实物形状制成的，根据其大小可以分为缩小型、实物型和放大型，有些模型甚至连细节都跟实物一模一样，有些则只是模仿实物的主要特征。模型的意义在于可通过视觉了解实物的形象，除了具有艺术欣赏价值以外，在教育、科学研究、工业建筑、土木建筑和军事等方面也有极大的效用。随着科学技术的进步，人们将研究的对象看成是一个系统，从整体上对它进行研究。这种系统研究不在于列举所有的事实和细节，而在于识别出有显著影响的因素和相互关系，以便掌握本质的规律。对于所研究的系统通过类比、抽象手段建立起各种模型，称为建模。

DSS 运用模型有下列原因：模型可压缩时间，若干年的运转可用计算机的分或秒来模仿；模型操纵（如改变决策变量或环境）比操纵现实系统容易得多，所以容易进行实验，而不影响组织的日常工作；模型分析比对现实系统进行类似实验的费用要少得多；可以采用试错法，用模型比用现实系统实验所需的费用要少得多；环境中含有很大的不确定性，管理者用模型可以计算特定行动的风险；应用数学模型有可能分析很大数目，甚至无限数目的可行解；模型有助于管理者和决策人学习和训练。

人们通过对模型的认识能够增强处理复杂问题的能力，做到尽可能地按客观规律办事，不犯错误，取得预期的效果。

6.3.2 数学模型的分类

数学模型用得最多，也用得最广。它是用字母、数字和数学符号构成的等式或不等式来描述系统的内部特征或与外界联系的模型。它是真实世界的一种抽象。数学模型是研究和掌握系统运动规律的有力工具，它是分析、设计、预测和控制实际系统的基础。数学模型的种类很多，一般可分为：

(1) 原理性模型。

自然科学中所有定理、公式都是这类模型。从开普勒的行星运动三大定律到牛顿的经典力学三大定律，直到近代的爱因斯坦狭义相对论和广义相对论，对自然科学已建立起一套完整的原理性模型。它是指导自然科学发展的基础和核心。

(2) 系统学模型。

系统学是研究系统结构与功能（演化、协同和控制）的一般规律的科学。系统学的研究对象是各类系统。按系统的复杂程度，系统可分为简单系统和简单巨型系统。简单系统是指组成系统的元素比较少，元素之间的关系又比较简单。巨型系统是指组成系统的元素数目非常庞大，但元素种类比较少，且元素之间的关系比较简单的系统。

对于简单系统和巨型系统，用自然科学的理论和方法可以很好地描述和研究，包括运筹学、控制论、信息论、数学以及耗散结构理论、协同学和突变论等。

系统学的模型有：系统动力学、大系统理论、灰色系统、系统辨识、系统控制、最优控制和创造工程学等。

目标决策分析模型也属于系统学模型的范畴。方案数量不多的决策情况可通过决策分析方法建模。在该模型中，用表或图形的方式，列出方案及其预测的目标值以及这些目标值实现的概率，然后可对各方案进行评价，并选择最好的方案。

目标决策分析有单目标决策和多目标决策两种不同情况，单目标决策可用决策表（decision table）或决策树（decision tree）方法，多目标（multiple criteria

［objects］）决策可用多目标决策分析方法和软件分析求解。有许多软件包可用于多目标决策分析，如 DecisionPro（Vanguard Software Corp.），Expert Choice（Expert Choice Inc.），Logic Decision（Logic Decision Group），Visual IFPS/Plus（Comshare Inc.）。

(3) 规划模型。

数学规划可用于分析求解管理决策问题，在这些问题中，决策人必须为各种活动分配各种紧缺资源，并使目标达到最优化。例如，对于加工各种产品（活动）的机器时间（资源）的分配就是一个典型的分配问题。

换句话说，数学规划是研究合理使用有限资源以取得最大效果。规划问题大致可分为两类：①用一定数量的资源去完成最大可能实现的任务；②用尽量少的资源去完成给定的任务。解决这些问题一般都有几种可供选择的方案。在规划问题中，必须满足的条件称为约束条件，要达到的目标用目标函数来表示。数学规划问题可归结为：在约束条件的限制下，根据一定的准则从若干可行方案中选取一个最优方案。

数学规划实质上是用数学模型来研究系统的优化决策问题。如果把给定条件定义为约束方程，把目标函数看作是目标方程，把目标函数中的自变量看作决策变量，这三者就构成规划模型。

规划模型包括：线性规划、非线性规划、动态规划、目标规划、更新理论和运输问题等。线性规划模型是其中最重要的模型。

线性规划问题包括决策变量（决策变量的值是未知的，但需要解出来）、目标函数（线性数学函数表示决策变量与要达到的目标的关系，并需要求其最优化）、目标函数系数（单位利润或表明单位决策变量对于目标的作用）、约束（以线性的等式或不等式表示的对资源的限制和要求，变量之间通过线性关系表达）、限制（描述约束和变量的上下限）、输入输出（技术）系数（表明关于决策变量的资源使用）。

决策人需经常使用数学规划，特别是线性规划，在许多标准的软件包中都有该类软件。这样，在许多 DSS 工具中都有最优化函数，例如，Excel、IFPS/Plus。此外，很容易将其他的最优化软件与 Excel、DBMS 和类似的工具连接。最优化模型通常也包括在决策支持系统中。

(4) 预测模型。

预测是对事物的发展方向、进程和可能导致的结果进行推断或测算。预测对象可以是一项科学技术、一种产品、一项工程、一种需求、一个社会经济系统或者是一项发展战略，它涉及社会、政治、经济、科学技术、管理等各个领域。预测方法分为定性方法和定量方法两类。定性预测大都侧重于质变方面，回答事件发生的可能性。主观预测大多属于定性预测。定量预测侧重于量变方面，回答事件发展的可能程度。

定性预测方法主要有：特尔斐法（或专家调查法）、情景分析法、主观概率法和对比法等。

定量预测方法主要有：趋势法、因素相关分析法（如回归法等）、平滑法等。

(5) 管理决策模型。

管理是指为了充分利用各种资源对系统及其组成部分施加一定的控制来达到系统目标。管理决策是在管理过程中做出的各种决策。

管理是随着生产的发展和社会生活的需要而发展起来的。凡是有群体活动的地方，均需要管理。管理成为有效地组织集体劳动的专业工作。管理中的共同规律性就是管理科学。

管理决策中的模型有：关键路线法（CPM）、计划评审技术（PERT）、风险评审技术（VERT）和层次分析法（AHP）等。

(6) 仿真模型。

仿真有许多含义，一般而言，仿真是对假设的现实特征的表现。它是利用模型再现实际系统中发生的本质过程，并通过对系统模型的实验来研究存在的或设计中的系统。当所研究的系统造价昂贵、实验的危险性大或需要很长的时间才能了解系统参数变化所引起的后果时，仿真是一种特别有效的研究手段。

仿真与数值计算、求解方法的区别在于它是一种实验技术。仿真过程包括建立仿真模型和进行仿真实验两个主要步骤。

仿真模型是被仿真对象的相似物或其结构形式。为了寻求系统的最优结构和参数，常常要在仿真模型上进行多次实验，通过实验观察系统模型各变量变化的全过程。

在 DSS 中，仿真是一种在数字计算机上对管理系统模型进行实验的技术（例如 what-if 分析）。DSS 主要用于处理半结构化或非结构化的问题，这些问题所涉及的复杂的现实情况较难用最优化或其他模型表示，但常常可以用仿真方法处理，所以仿真是一种最常用的 DSS 工具之一。常用仿真模型包括：蒙特卡罗法、KSIM 模拟和微观分析模拟等。

下面主要论述几种仿真类型。

①概率仿真。

在这类仿真中，一个或多个独立变量（例如库存问题中的需求）是随机的，即这些变量服从一定的概率分布。该类又可分为离散分布和连续分布两类。离散分布包含取有限值、有限数目事件（或变量）的情形。连续分布是指服从密度函数（如正态分布）有无限可能事件的情形。

②时间相关与时间无关仿真。

时间无关（time-independent）是指不必精确地知道事件发生时间的情形，例如我们知道每天需要某种产品三件，但并不在意一天中何时需要这些产品，或者讲，在某些情形中，时间完全不是仿真的因素。

另一方面，在排队问题中，精确知道顾客的到达时间是重要的，因为需要了解顾客是否需要等待，在这种情形中需要处理与时间相关的情况。

③仿真软件。

现在已有数百种用于各种决策情况的构造仿真工具软件包，其中包括嵌入表格的仿真软件。

④可视仿真。

用图形来显示计算的结果，包括动画，这是人—机交互和问题求解中较成功的新发展方向之一。

⑤面向对象与面向代理的仿真。

在开发仿真模型领域的最新进展中，已将面向对象和面向代理的方法用到了仿真中。

（7）计量经济模型。

计量经济学是以数学和统计学的方法确定经济关系中的具体数量关系的科学，又称经济计量学。计量经济学对经济关系的实际统计资料进行计量，加以验证，为经济变量之间的依存关系提供定量数据，为制定经济规划和确定经济政策提供科学依据。

计量经济学是为国家干预和调节经济、加强市场预测、合理组织生产、改善经营管理等经济活动服务的。

计量经济模型包括：经济计量法、投入产出法、动态投入产出法、回归分析、可行性分析和价值工程等。

6.3.3 使用 Excel 的投资决策函数

本节通过学习和运用 Excel 提供的主要投资决策函数及其示例来掌握投资决策函数的使用。

1. 概述

对于一个投资决策者来说，如果他希望取出资金库中的资金，将其投入资本运转，投资到商业项目中，则对于这些项目，他需要考虑以下问题：一个新的长期项目会盈利吗？在什么时候盈利？资金投入到其他项目是不是更好？对于正在进行的项目，我是应该增加投资力度，还是应停止投资以减少损失？

在深入分析每个项目时，他还需要考虑以下问题：对于该项目，负现金流和正现金流包括哪些方面？进行大规模的初始投资会有什么影响？初始投资最大不能超过多少？

最后，他真正需要的是用来比较不同项目选择方案的净收益。但若要了解项目的净收益,他必须在分析中加入资金时间价值的因素。

　　净现金流是指正现金流和负现金流之间的差,它可以回答最基本的商业问题:资金库中还剩余多少资金?正现金流是指收入的现金量(销售、已获利息、发行股票等),而负现金流是指支出的现金量(采购、工资、税费等)。

　　适用于进行现金流分析的 Excel 函数有五个:NPV、XNPV、IRR、XIRR 和 MIRR。如表 6.1 所示。对这些函数的选择取决于以下因素:采用的财务方法、现金流是否在固定的时间间隔发生,以及这些现金流是否周期性的。需要注意,现金流将被指定为正值、负值或零值。当使用这些函数时,请特别注意如何处理在第一个周期开头发生的即时现金流以及在各周期末尾发生的所有其他现金流。另外,XNPV 与 XIRR 在使用时如果该函数不可用,并返回错误值 #NAME?,需要安装并加载"分析工具库"加载宏。具体方法为:在"工具"菜单上,单击"加载宏";在"可用加载宏"列表中,选中"分析工具库"框,再单击"确定"。

表 6.1　　　　　　　　　　Excel 的现金流分析函数

函数语法	使用场合	备　注
NPV(rate, value1, value2,…)	使用在固定时间间隔(例如每月或每年)发生的现金流确定净现值。	以 value 形式指定的每个现金流发生在周期的末尾。 如果在第一个周期的开头有另外的现金流,该现金流应加到 NPV 函数返回的值中。
XNPV(rate, values, dates)	使用在非固定时间间隔发生的现金流确定净现值。	以 value 形式指定的每个现金流在计划的付款日期发生。 需要使用"分析工具库"加载宏。
IRR(values, guess)	使用在固定时间间隔(例如每月或每年)发生的现金流确定内部报酬率。	以 value 形式指定的每个现金流发生在周期的末尾。 IRR 是通过一个迭代搜索过程进行计算的,该迭代过程以一个 IRR 估计值(以 guess 形式指定)开始,再重复改变该值,直到得到正确的 IRR。guess 参数的指定是可选的;Excel 使用 10% 作为默认值。 如果有多个适用的答案,IRR 函数将只返回其找到的第一个答案。如果 IRR 没有找到任何答案,它将返回一个 #NUM! 错误值。如果得到错误值,或结果与期望不符,请使用不同的 guess 值。 如果有多个可能的内部报酬率,不同的 guess 值可能会返回不同的结果。

续表

函数语法	使用场合	备注
XIRR(values, dates, guess)	使用在不固定时间间隔发生的现金流确定内部报酬率。	以 value 形式指定的每个现金流在计划的付款日期（date）发生。 XIRR 是通过一个迭代搜索过程计算的，该迭代过程以一个 IRR 估计值（以 guess 形式指定）开始，再重复地改变该值，直到得到正确的 XIRR。guess 参数的指定是可选的；Excel 使用 10% 作为默认值。 如果有多个适用的答案，IRR 函数将只返回其找到的第一个答案。如果 IRR 没有找到任何答案，它将返回一个 #NUM! 错误值。如果得到错误值，或结果与期望不符，请使用不同的 guess 值。 如果有多个可能的内部报酬率，不同的 guess 值可能会返回不同的结果。 注意：需要使用"分析工具库"加载宏。
MIRR(values, finance_rate, reinvest_rate)	使用在固定时间间隔（例如每月或每年）发生的现金流确定修正的内部报酬率，考虑投资成本以及现金再投资所获利息。	除了第一个现金流（指定发生在周期开头的 value）之外，以 value 形式指定的每个现金流发生在周期的末尾。 为现金流中使用的资金所支付的利率以 finance_rate 的形式指定。现金流再投资时的所获利率以 reinvest_rate 的形式指定。

2. 净现值函数 NPV（）

净现值函数 NPV（）通过使用贴现率以及一系列未来支出（负值）和收入（正值），来返回一项投资的净现值。

语法：NPV（rate, value1, value2, …）

参数说明：

Rate 为某一期间的贴现率，是一固定值。

Value1，value2，…为 1 到 29 个参数，代表支出及收入。而且：

- Value1，value2，…在时间上必须具有相等间隔，并且都发生在期末。
- NPV 使用 Value1，Value2，…的顺序来解释现金流的顺序。所以务必保证支出和收入的数额按正确的顺序输入。
- 如果参数为数值、空白单元格、逻辑值或数字的文本表达式，则都会计算在内；如果参数是错误值或不能转化为数值的文本，则被忽略。
- 如果参数是一个数组或引用，则只计算其中的数字。数组或引用中的空白单元格、逻辑值、文字及错误值将被忽略。

函数说明：

- 函数 NPV 假定投资开始于 value1 现金流所在日期的前一期，并结束于最后一笔现金流的当期。函数 NPV 依据未来的现金流来进行计算。如果第一笔现金流发生在第一个周期的期初，则第一笔现金必须添加到函数 NPV 的结果中，而不应包含在 values 参数中。有关详细信息，请参阅下面的示例。

- 如果 n 是数值参数表中的现金流的次数，则 NPV 的公式如下：

$$NPV = \sum_{j=1}^{n} \frac{values_j}{(1+rate)^j}$$

- 函数 NPV 与函数 PV（现值）相似。PV 与 NPV 之间的主要差别在于：函数 PV 允许现金流在期初或期末开始。与可变的 NPV 的现金流数值不同，PV 的每一笔现金流在整个投资中必须是固定的。有关年金与财务函数的详细信息，请参阅函数 PV。

- 函数 NPV 与函数 IRR（内部收益率）也有关，函数 IRR 是使 NPV 等于零的比率：NPV（IRR（…），…）= 0。

示例 6-1：某项目在第一年年末投资 10 000 元，未来 3 年中各年年末的收入分别为 3 000 元、4 200 元和 6 800 元。现假定每年的贴现率为 10%，请使用 NPV 计算该项目的净现值。

（1）单击"插入函数"命令，在弹出的"插入函数"对话框（见图 6.1）中选择"财务"类别中的 NPV 函数，再单击"确定"后，弹出如图 6.2 所示的对话框。

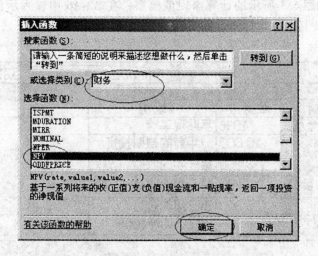

图 6.1 "插入函数"对话框中选择 NPV 函数

(2) 如图 6.2 所示输入各参数,可以看到即时计算的结果,再从公式编辑栏可以看出其计算公式,即该项目净现值为: NPV (10%, -10 000, 3 000, 4 200, 6 800) = ¥1 188.44。

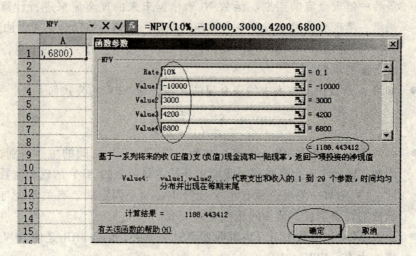

图 6.2 使用 NPV 计算净现值

这里,将开始投资的 10 000 元作为数值参数中的一个。这是因为付款发生在第一个周期的期末。

以上示例是使用 NPV 函数的基本训练。在熟悉了函数之后,可以在模型构建中直接采用公式编辑器或直接为对应表格单元输入函数的方法来计算。如在工作簿中构建如图 6.3 所示的计算净现值模型,在 A2-A6 中输入示例数据,通过 A7 的计算公式马上可以得到该投资的净现值。

	A	B
1	数据	说明
2	10%	年贴现率
3	-10 000	一年前的初期投资
4	3 000	第一年的收益
5	4 200	第二年的收益
6	6 800	第三年的收益
7	¥1 188.44	该投资的净现值

图 6.3 计算净现值模型

3. 非周期性发生现金流的净现值 XNPV（ ）

非周期性发生现金流的净现值 XNPV（ ）返回一组现金流的净现值，这些现金流不一定定期发生。若要计算一组定期现金流的净现值，请使用函数 NPV。

语法：XNPV（rate，values，dates）

Rate 应用于现金流的贴现率。

Values 与 dates 中的支付时间相对应一系列现金流转。首期支付是可选的，并与投资开始时的成本或支付有关。如果第一个值为成本或支付，则其必须是一个负数。所有后续支付基于的是 365 天/年贴现。数值系列必须至少要包含一个正数和一个负数。

Dates 与现金流支付相对应支付日期表。第一个支付日期代表支付表的开始。其他日期应迟于该日期，但可按任何顺序排列。

参数说明：

- Microsoft Excel 可将日期存储为可用于计算的序列号。默认情况下，1900 年 1 月 1 日的序列号是 1 而 2008 年 1 月 1 日的序列号是 39448，这是因为它距 1900 年 1 月 1 日有 39448 天。Microsoft Excel for the Macintosh 使用另外一个默认日期系统。
- Dates 中的数值将被截尾取整。
- 如果任一参数为非数值型，函数 XNPV 返回错误值 #VALUE！。
- 如果 dates 中的任一数值不是合法日期，函数 XNPV 返回错误值 #VALUE。
- 如果 dates 中的任一数值先于开始日期，函数 XNPV 返回错误值 #NUM！。
- 如果 values 和 dates 所含数值的数目不同，函数 XNPV 返回错误值 #NUM！。
- 函数 XNPV 的计算公式如下：

$$XNPV = \sum_{i=1}^{N} \frac{P_i}{(1+rate)^{\frac{(d_i-d_1)}{365}}}$$

式中：

d_i = 第 i 个或最后一个支付日期。

d_1 = 第 0 个支付日期。

P_i = 第 i 个或最后一个支付金额。

示例 6-2：某项目计划在 2008-1-1 投资 10 000 元，2008-3-1 收入 2 750 元，2008-10-30 收入 4 250 元，2009-2-15 收入 3 250 元，2009-4-1 收入 2 750 元。现假定贴现率为 9%，请计算该项目的净现值。

（1）在工作簿中构建如表 6.2 所示的计算净现值模型，在 A2 – A6、B2 – B6

中输入示例数据,在 A8 中输入计算公式。

表 6.2　　　　　　　　　　　XNPV 示例

值	日期
-10 000	2008-1-1
2 750	2008-3-1
4 250	2008-10-30
3 250	2009-2-15
2 750	2009-4-1
公式	说明（结果）
=XNPV(.09,A2:A6,B2:B6)	在上面的成本和收益下的投资净现值。现金流的贴现率为 9%

(2) 可以看到结果显示如图 6.4 所示。

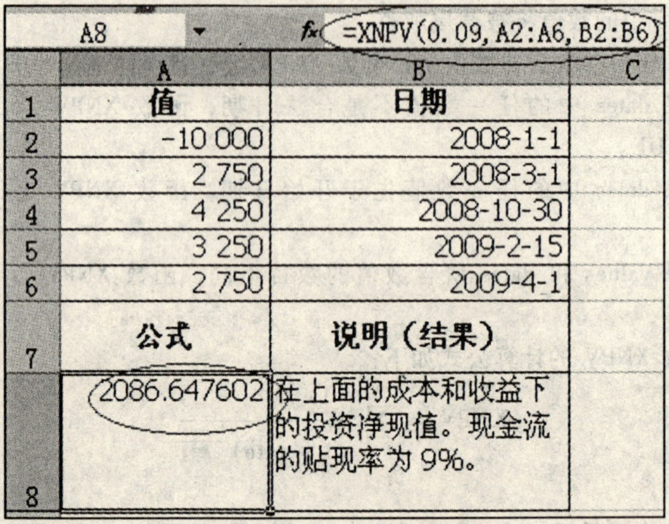

图 6.4　使用 XNPV 计算净现值模型

4. 内含报酬收益率 IRR ( )

内含报酬收益率 IRR ( ) 是返回由数值代表的一组现金流的内部收益率。这些现金流不必均衡,但作为年金,它们必须按固定的间隔产生,如按月或按年。内部收益率为投资的回收利率,其中包含定期支付（负值）和定期收入

（正值）。

语法

IRR（values，guess）

参数说明：

Values 为数组或单元格的引用，包含用来计算返回的内部收益率的数字。Values 必须包含至少一个正值和一个负值，以计算返回的内部收益率。函数 IRR 根据数值的顺序来解释现金流的顺序。故应确定按需要的顺序输入支付和收入的数值。如果数组或引用包含文本、逻辑值或空白单元格，这些数值将被忽略。

Guess 为对函数 IRR 计算结果的估计值。Microsoft Excel 使用迭代法计算函数 IRR。从 guess 开始，函数 IRR 进行循环计算，直至结果的精度达到 0.00001%。如果函数 IRR 经过 20 次迭代，仍未找到结果，则返回错误值 #NUM!。在大多数情况下，并不需要为函数 IRR 的计算提供 guess 值。如果省略 guess，假设它为 0.1（10%）。如果函数 IRR 返回错误值 #NUM!，或结果没有靠近期望值，可用另一个 guess 值再试一次。

函数说明：

- 函数 IRR 与函数 NPV（净现值函数）的关系十分密切。函数 IRR 计算出的收益率即净现值为 0 时的利率。下面的公式显示了函数 NPV 和函数 IRR 的相互关系：
- NPV（IRR（B1：B6），B1：B6）等于 3.60E - 08（在函数 IRR 计算的精度要求之中，数值 3.60E - 08 可以当作 0 的有效值）。

示例 6-3：设某项目计划投资 70 000 元，并预期随后 5 年的净收益为：12 000、15 000、18 000、21 000、26 000（元）。请分别计算该项目在 2、4、5 年后的内含报酬收益率。

（1）在工作簿中构建如表 6.3 所示的计算内含报酬收益率模型，在 A2-A7 中输入示例数据，在 A10 - A11 中输入计算公式。注意：计算 2 年后的内含报酬收益率时必须包含 guess 参数，否则函数 IRR 返回错误值 #NUM!。

表 6.3　　　　　　　　　　　　　　IRR 示例

数　据	说　明
- 70 000	某项业务的初期成本费用
12 000	第一年的净收入
15 000	第二年的净收入
18 000	第三年的净收入

续表

数 据	说 明
21 000	第四年的净收入
26 000	第五年的净收入
公式	说明（结果）
=IRR（A2：A6）	投资四年后的内部收益率
=IRR（A2：A7）	五年后的内部收益率
=IRR（A2：A4，-10%）	若要计算两年后的内部收益率，需包含一个估计值

（2）结果显示如图 6.5 所示。

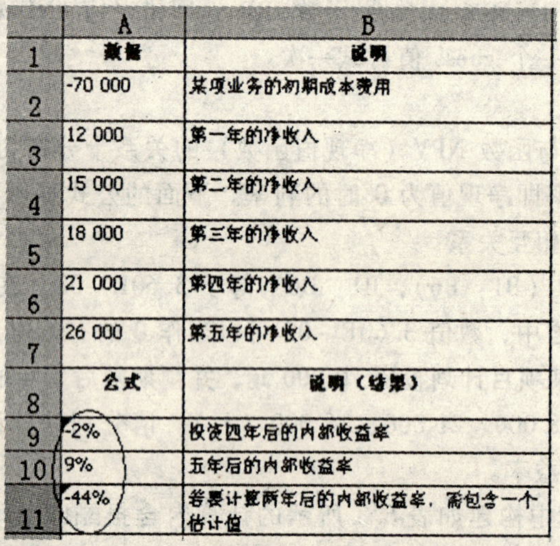

	A	B
1	数据	说明
2	-70 000	某项业务的初期成本费用
3	12 000	第一年的净收入
4	15 000	第二年的净收入
5	18 000	第三年的净收入
6	21 000	第四年的净收入
7	26 000	第五年的净收入
8	公式	说明（结果）
9	-2%	投资四年后的内部收益率
10	9%	五年后的内部收益率
11	-44%	若要计算两年后的内部收益率，需包含一个估计值

图 6.5　计算内含报酬收益率模型

5．不定期现金流内含报酬率 XIRR（　）

不定期现金流内含报酬率 XIRR（　）返回一组现金流的内部收益率，这些现金流不一定定期发生。若要计算一组定期现金流的内部收益率，则使用函数 IRR。

语法：XIRR（values，dates，guess）

Values 与 dates 中的支付时间相对应的一系列现金流。首次支付是可选的，并与投资开始时的成本或支付有关。如果第一个值是成本或支付，则它必须是负值。所有后续支付都基于 365 天/年贴现。系列中必须包含至少一个正值和一个负值。

Dates 与现金流支付相对应的支付日期表。第一个支付日期代表支付表的开始。其他日期应迟于该日期,但可按任何顺序排列。应使用 DATE 函数来输入日期,或者将日期作为其他公式或函数的结果输入。例如,使用 DATE(2008,5,23)输入 2008 年 5 月 23 日。如果日期以文本的形式输入,则会出现问题。

Guess 对函数 XIRR 计算结果的估计值。

说明:

- Microsoft Excel 可将日期存储为可用于计算的序列号。默认情况下,1900 年 1 月 1 日的序列号是 1 而 2008 年 1 月 1 日的序列号是 39448,这是因为它距 1900 年 1 月 1 日有 39448 天。Microsoft Excel for the Macintosh 使用另外一个默认日期系统。
- Dates 中的数值将被截尾取整。
- 函数 XIRR 要求至少有一个正现金流和一个负现金流,否则函数 XIRR 返回错误值 #NUM!。
- 如果 dates 中的任一数值不是合法日期,函数 XIRR 返回错误值 #VALUE。
- 如果 dates 中的任一数字先于开始日期,函数 XIRR 返回错误值 #NUM!。
- 如果 values 和 dates 所含数值的数目不同,函数 XIRR 返回错误值 #NUM!。
- 多数情况下,不必为函数 XIRR 的计算提供 guess 值,如果省略,guess 值假定为 0.1(10%)。
- 函数 XIRR 与净现值函数 XNPV 密切相关。函数 XIRR 计算的收益率即为函数 XNPV = 0 时的利率。
- Excel 使用迭代法计算函数 XIRR。通过改变收益率(从 guess 开始),不断修正计算结果,直至其精度小于 0.000001%。如果函数 XIRR 运算 100 次,仍未找到结果,则返回错误值 #NUM!。函数 XIRR 的计算公式如下:

$$0 = \sum_{i=1}^{N} \frac{P_i}{(1+rate)^{\frac{(d_i-d_1)}{365}}}$$

式中:

d_i = 第 i 个或最后一个支付日期。

d_1 = 第 0 个支付日期。

P_i = 第 i 个或最后一个支付金额。

示例 6-4:某项目计划在 2008-1-1 投资 10 000 元,预期 2008-3-1 收入 2 750 元,2008-10-30 收入 4 250 元,2009-2-15 收入 3 250 元,2009-4-1 收入 2 750 元,

请计算该项目的内含报酬率。

（1）由于现金流为不定期类型，应该使用 XIRR 函数。在工作簿中构建如表 6.4 所示的计算内含报酬率模型，在 A2-A6、B2-B6 中输入示例数据，在 A8 中输入计算公式。

表 6.4　　　　　　　　　　　　**XIRR 示例**

值	日期
-10 000	2008-1-1
2 750	2008-3-1
4 250	2008-10-30
3 250	2009-2-15
2 750	2009-4-1
公式	说明（结果）
=XIRR（A2：A6，B2：B6，0.1）	项目的内含报酬率

（2）结果显示如图 6.6 所示。

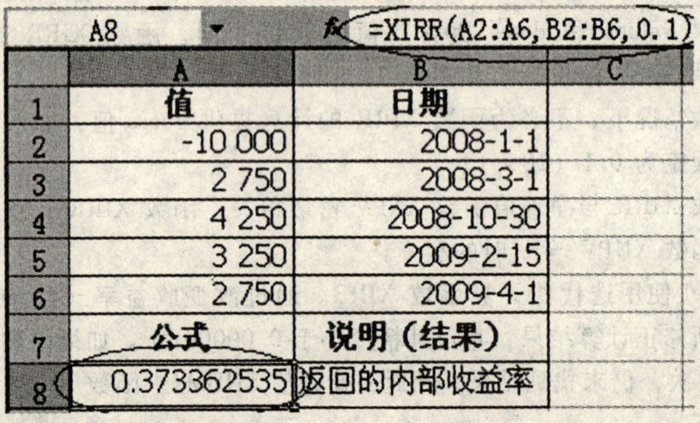

A8　fx =XIRR(A2:A6,B2:B6,0.1)

	A	B	C
1	值	日期	
2	-10 000	2008-1-1	
3	2 750	2008-3-1	
4	4 250	2008-10-30	
5	3 250	2009-2-15	
6	2 750	2009-4-1	
7	公式	说明（结果）	
8	0.373362535	返回的内部收益率	

图 6.6　计算不定期现金流内含报酬率模型

6. 修正内含报酬率函数 MIRR（）

修正内含报酬率函数 MIRR（）是返回某一连续期间内现金流的修正内部收益率。函数 MIRR 同时考虑了投资的成本和现金再投资的收益率。

语法：MIRR（values，finance_ rate，reinvest_ rate）

Values 为一个数组或对包含数字的单元格的引用。这些数值代表着各期的一系列支出（负值）及收入（正值）。参数 Values 中必须至少包含一个正值和一个负值，才能计算修正后的内部收益率，否则函数 MIRR 会返回错误值 #DIV/0!。如果数组或引用参数包含文本、逻辑值或空白单元格，则这些值将被忽略，但包含零值的单元格将计算在内。

Finance_ rate 为现金流中使用的资金支付的利率。

Reinvest_ rate 为将现金流再投资的收益率。

函数说明：

- 函数 MIRR 根据输入值的次序来解释现金流的次序。所以，务必要按照实际的顺序输入支出和收入数额，并使用正确的正负号（现金流入用正值，现金流出用负值）。
- 如果现金流的次数为 n，finance_ rate 为 frate 而 reinvest_ rate 为 rrate，则函数 MIRR 的计算公式为：

$$\left(\frac{-\text{NPV}(\text{rrate, values [positive]})*(1+\text{rrate})^n}{\text{NPV}(\text{frate, values [negative]})*(1+\text{frate})}\right)^{\frac{1}{n-1}}-1$$

示例 6-5：某企业 5 年前以利率 10% 从银行贷款 120 000 元投资一个项目，随后 5 年每年的净收益为 39 000、30 000、21 000、37 000、46 000 元。其间又将所获利润用于重新投资，每年的再投资报酬率为 12%。请计算：1. 修正内含报酬率；2. 假设每年的再投资报酬率为 14%，则修正内含报酬率为多少？

（1）在工作簿中构建如表 6.5 所示的计算内含报酬率模型，在 A2-A9 中输入示例数据，在 A11-A13 中输入计算公式。

表 6.5　　　　　　　　　　　　　　MIRR 示例

数　据	说　明
－$ 120 000	资产原值
39 000	第一年的收益
30 000	第二年的收益
21 000	第三年的收益
37 000	第四年的收益
46 000	第五年的收益
10.00%	120 000 贷款额的年利率
12.00%	再投资收益的年利率
公式	说明（结果）
=MIRR（A2：A7，A8，A9）	五年后投资的修正收益率
=MIRR（A2：A5，A8，A9）	三年后的修正收益率
=MIRR（A2：A7，A8，14%）	五年的修正收益率（基于 14% 的再投资收益率）

（2）结果显示如图6.7所示。

	A	B
1	数据	说明
2	($120 000)	资产原值
3	39 000	第一年的收益
4	30 000	第二年的收益
5	21 000	第三年的收益
6	37 000	第四年的收益
7	46 000	第五年的收益
8	10.00%	120 000 贷款额的年利率
9	12.00%	再投资收益的年利率
10	公式	说明（结果）
11	13%	五年后投资的修正收益率
12	-5%	三年后的修正收益率
13	13%	五年的修正收益率（基于14%的再投资收益率）

图6.7 修正内含报酬率模型

6.3.4 构建投资指标决策分析模型

（1）问题描述。

结合上一小节的预备知识分析和相关函数使用的训练，下面我们通过一个简单的例子来说明投资指标决策分析模型的构建。

假设某企业有A、B、C共3种投资方案，并假设资金成本率为10%，有关数据如表6.6所示。请利用前文介绍的投资决策函数构建投资指标决策分析模型，进行投资指标分析，确定最优方案。

表6.6 投资指标决策分析模型示例

期间	A方案净现金流量	B方案净现金流量	C方案净现金流量
0	-25 000	-8 000	-14 000
1	13 300	1 100	5 800
2	18 000	4 200	5 100
3		5 100	5 200

（2）模型设计过程。

根据投资指标决策分析的特点，在模型设计时应该划分功能区，一般要包括已知变量区、数据区、决策指标区和分析结论区几部分。各个功能区单元格的多少应根据实际需要确定,为了适应不同决策情况的需要,可以预先留出足够的单元格。

- 已知变量区主要存放贴现率、再投资收益率等已知量。把这些公式中需要用到的常量存放在独立的单元格中,而不是直接在指标计算公式中输入,这样做的优势主要是:这些量的值一旦改变,只须修改该单元格的值,而无须修改指标的计算公式,通过单元格引用就可以实现所有指标计算结果的自动更新,提高了模型的通用性,同时减少输入量和模型维护工作量。
- 数据区用来存放业务数据。建立模型时还可以根据实际需要进一步划分。
- 决策指标区用来存放决策指标计算公式和结果。
- 分析结论区用于存放对上述计算结果所做的分析、说明和得出的结论。

(3) 模型实施。

根据功能区的划分可以实现如图 6.8 所示的投资指标决策分析模型。采用了净现值、内含报酬收益率、修正内含报酬率三个指标进行决策分析。其中 A 方案净现值 = NPV(A3,B5:B8)、内含报酬收益率 = IRR(B5:B8)、修正内含报酬率 = MIRR(B5:B8,A3,B3);B 方案和 C 方案的指标可以依此类推。

	A	B	C	D
1		投资指标决策分析模型		
2	资金成本率	再投资收益的年利率		
3	10%	16%		
4	期间	A方案净现金流量	B方案净现金流	C方案净现金流量
5	0	-25 000	-8 000	-14 000
6	1	13 300	1 100	5 800
7	2	18 000	4 200	5 100
8	3	0	5 100	5 200
9	净现值	¥1 788.13	¥275.25	¥-550.51
10	内含报酬收益率	16%	12%	7%
11	修正内含报酬率	16%	13%	11%
12				
13	分析结论:			
14				

图 6.8 投资指标决策分析模型

(4) 使用模型分析结果辅助决策。

根据投资指标决策分析模型的分析,可以看出方案 C 的净现值为负值,显然不可取；而方案 A 在净现值、内含报酬收益率、修正内含报酬率三个指标上都具有优势。所以推荐采纳方案 A。

练习题

假设某企业有 A、B、C、D 4 种投资方案，并假设资金成本率为 10%，再投资收益的年利率为 15%，有关数据如表 6.7 所示。请利用本实验已经构建的投资决策函数构建投资指标决策分析模型进行投资指标分析，确定最优方案。

表 6.7　　　　　　　　　投资指标决策分析模型示例

期间	A 方案净现金流量	B 方案净现金流量	C 方案净现金流量	D 方案净现金流量
0	−15 000	−13 000	−20 000	−30 000
1	8 700	3 500	7 800	9 000
2	7 900	6 200	8 800	13 500
3	3 800	8 700	9 800	21 400

7 回归分析实验

7.1 实验目的与要求

（1）了解 Microsoft Excel 提供的数据分析工具。
（2）掌握 Excel 提供的 3 种回归分析方法。
（3）掌握通过回归分析进行预测的方法。

7.2 实验内容

（1）熟悉 Microsoft Excel 提供的分析工具库。
（2）使用"数据分析"方法进行回归分析。
（3）使用"函数"方法进行回归分析，包括直线回归函数、预测函数、指数曲线趋势函数。
（4）使用"数据分析"方法进行回归分析。

7.3 实验操作步骤

本实验包括以下 6 部分：统计分析工具概述、使用"数据分析"进行回归分析、使用直线回归函数、使用预测函数、使用指数曲线趋势函数、用趋势线进行回归分析。

7.3.1 统计分析工具概述

Microsoft Excel 提供了一组数据分析工具，称为"分析工具库"，在建立复杂统计或工程分析时可节省步骤。只需为每一个分析工具提供必要的数据和参数，该工具就会使用适当的统计或工程宏函数，在输出表格中显示相应的结果。其中有些工具在生成输出表格时还能同时生成图表。

Excel 还提供了许多其他统计、财务和工程工作表函数。某些统计函数是内置函数，而其他函数只有在安装了"分析工具库"之后才能使用。

"分析工具库"包括下述工具：

（1）方差分析。

方差分析工具提供了几种方差分析工具。具体使用哪一种工具则根据因素的个数以及待检验样本总体中所含样本的个数而定。

（2）相关系数。

CORREL 和 PEARSON 工作表函数可计算两组不同测量值变量之间的相关系数，条件是当每种变量的测量值都是对 N 个对象进行观测所得到的。（任何对象丢失任何的观测值都会在分析中忽略该对象）。系数分析工具特别适合于当 N 个对象中的每个对象都有多于两个测量值变量的情况。它可提供输出表和相关矩阵，并显示应用于每种可能的测量值变量对应的 CORREL（或 PEARSON）值。

与协方差一样，相关系数是描述两个测量值变量之间的离散程度的指标。与协方差的不同之处在于，相关系数是成比例的，因此它的值独立于这两种测量值变量的表示单位。（例如，如果两个测量值变量为重量和高度，如果重量单位从磅换算成千克，则相关系数的值不改变）。任何相关系数的值必须介于 -1 和 +1 之间。

可以使用相关分析工具来检验每对测量值变量，以便确定两个测量值变量的变化是否相关，即一个变量的较大值是否与另一个变量的较大值相关联（正相关）；或者一个变量的较小值是否与另一个变量的较大值相关联（负相关）；还是两个变量中的值互不关联（相关系数近似于零）。

（3）协方差。

"相关"和"协方差"工具可在相同设置下使用，当用户对一组个体进行观测而获得了 N 个不同的测量值变量。"相关"和"协方差"工具都可返回一个输出表和一个矩阵，分别表示每对测量值变量之间的相关系数和协方差。不同之处在于相关系数的取值在 -1 和 +1 之间，而协方差没有限定的取值范围。相关系数和协方差都是描述两个变量离散程度的指标。

"协方差"工具为每对测量值变量计算工作表函数 COVAR 的值。（当只有两个测量值变量，即 N = 2 时，可直接使用函数 COVAR，而不是协方差工具）在协方差工具的输出表中的第 i 行、第 j 列的对角线上的输入值就是第 i 个测量值变量与其自身的协方差；这就是用工作表函数 VARP 计算得出的变量的总体方差。

可以使用协方差工具来检验每对测量值变量，以便确定两个测量值变量的变化是否相关，即一个变量的较大值是否与另一个变量的较大值相关联（正相关）；或者一个变量的较小值是否与另一个变量的较大值相关联（负相关）；还是两个变量中的值互不关联（协方差近似于零）。

（4）描述统计。

"描述统计"分析工具用于生成数据源区域中数据的单变量统计分析报表，提供有关数据趋中性和易变性的信息。

（5）指数平滑。

"指数平滑"分析工具基于前期预测值导出相应的新预测值,并修正前期预测值的误差。此工具将使用平滑常数 a,其大小决定了本次预测对前期预测误差的修正程度。

(6) F-检验双样本方差。

"F-检验双样本方差"分析工具通过双样本 F-检验,对两个样本总体的方差进行比较。该工具计算 F-统计(或 F-比值)的 F 值。F 值接近于 1 说明基础总体方差是相等的。在输出表中,如果 F < 1,则当总体方差相等且根据所选择的显著水平"F 单尾临界值"返回小于 1 的临界值时,"P(F < = f)单尾"返回 F-统计的观察值小于 F 的概率 Alpha。如果 F > 1,则当总体方差相等且根据所选择的显著水平,"F 单尾临界值"返回大于 1 的临界值时,"P(F < = f)单尾"返回 F-统计的观察值大于 F 的概率 Alpha。

(7) 傅立叶分析。

"傅立叶分析"分析工具可以解决线性系统问题,并能通过快速傅立叶变换(FFT)进行数据变换来分析周期性的数据。此工具也支持逆变换,即通过对变换后的数据的逆变换返回初始数据。

(8) 直方图。

"直方图"分析工具可计算数据单元格区域和数据接收区间的单个和累积频率。此工具可用于统计数据集中某个数值出现的次数。

(9) 移动平均。

"移动平均"分析工具可以基于特定的过去某段时期中变量的平均值,对未来值进行预测。移动平均值提供了由所有历史数据的简单的平均值所代表的趋势信息。使用此工具可以预测销售量、库存或其他趋势。

(10) 随机数发生器。

"随机数发生器"分析工具可用几个？分布中的一个产生的独立随机数来填充某个区域。可以通过概率分布来表示总体中的主体特征。

(11) 排位与百分比排位。

"排位与百分比排位"分析工具可以产生一个数据表,其中包含数据集中各个数值的顺序排位和百分比排位。该工具用来分析数据集中各数值间的相对位置关系。该工具使用工作表函数 RANK 和 PERCENTRANK。RANK 不考虑重复值。如果希望考虑重复值,请在使用工作表函数 RANK 的同时,使用帮助文件中所建议的函数 RANK 的修正因素。

(12) 回归分析。

回归分析工具通过对一组观察值使用"最小二乘法"直线拟合来执行线性回归分析。本工具可用来分析单个因变量是如何受一个或几个自变量影响的。回归工具使用工作表函数 LINEST。

(13) 回归分析工具。

通过对一组观察值使用"最小二乘法"直线拟合来执行线性回归分析。本工具可用来分析单个因变量是如何受一个或几个自变量影响的。

例如，观察某个运动员的运动成绩与一系列统计因素的关系，如年龄、身高和体重等。可以基于一组已知的成绩统计数据，确定这三个因素分别在运动成绩测试中所占的比重，使用该结果对尚未进行过测试的运动员的表现作出预测。

回归工具使用工作表函数 LINEST。

(14) 抽样分析。

抽样分析工具以数据源区域为总体，从而为其创建一个样本。当总体太大而不能进行处理或绘制时，可以选用具有代表性的样本。如果确认数据源区域中的数据是周期性的，还可以对一个周期特定时间段中的数值进行采样。

(15) t-检验。

"双样本 t-检验"分析工具基于每个样本检验样本总体平均值是否相等。这三个工具分别使用不同的假设：样本总体方差相等；样本总体方差不相等；两个样本代表处理前后同一对象上的观察值。

(16) z-检验。

"z-检验：双样本平均值"分析工具可对具有已知方差的平均值进行双样本z-检验。此工具用于检验两个总体平均值之间存在差异的空值假设，而不是单方或双方的其他假设。如果方差已知，则应该使用工作表函数 ZTEST。

当使用"z-检验"工具时，应该仔细理解输出。当总体平均值之间没有差别时，"P（Z <= z）单尾"是 P（Z >= ABS（z）），即与 z 观察值沿着相同的方向远离 0 的 z 值的概率。当总体平均值之间没有差异时，"P（Z <= z）双尾"是 P（Z >= ABS（z）或 Z <= －ABS（z）），即沿着任何方向（而非与观察到的 z 值的方向一致）远离 0 的 z 值的概率。双尾结果只是单尾结果乘以2。z-检验工具还可用于当两个总体平均值之间的差异具有特定的非零值的空值假设的情况。

7.3.2 使用"数据分析"进行回归分析

使用"数据分析"能进行上节介绍的所有统计分析，本节在"数据录入技巧"的实验结果上练习使用"数据分析"进行回归分析。

(1) 打开实验数据工作簿；在"工具"菜单上，单击"数据分析"。弹出"数据分析"窗口。

注意：如果没有"数据分析"，则请加载"分析工具库"加载宏。操作方法为：在"工具"菜单上，单击"加载宏"；在"可用加载宏"列表中，选中"分析工具库"框，然后单击"确定"；如果必要，请按安装程序中的指示进行操作。

(2) 在"数据分析"对话框中,单击要使用的分析工具的名称,本实验中为"回归",然后单击"确定",如图 7.1 所示。

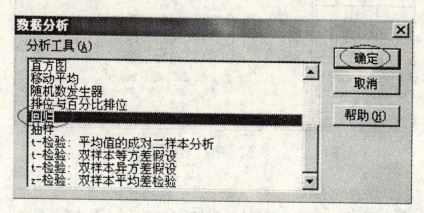

图 7.1 "数据分析"对话框

(3) 在已选择的分析工具对话框中,设置所需的分析选项。本例中以销售额区域数据 C2:C12 为"Y 值输入区域",以成本区域 D2:D12 数据为"X 值输入区域",由于数据区含有标志,所以选中"标志",再指定输出区域为 G3,其他分析功能可选可不选。如图 7.2 所示。

(4) 点击确定后,将以 G3 为基准显示分析结果,部分结果如图 7.3 所示。

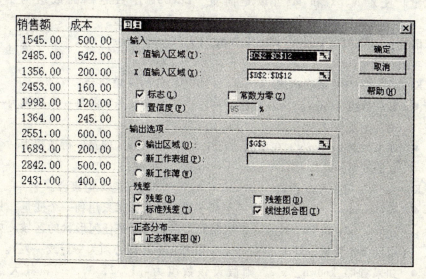

图 7.2 参数设置示意图

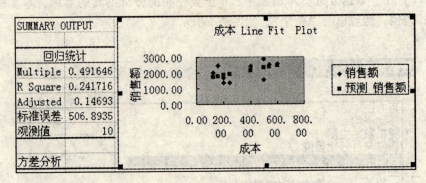

图 7.3 部分分析结果

7.3.3 使用直线回归函数

直线回归函数 LINEST 使用最小二乘法对已知数据进行最佳直线拟合,并返回描述此直线的数组。因为此函数返回数值数组,所以必须以数组公式的形式输入。

直线的公式为:

$y = mx + b$ 或

$y = m_1x_1 + m_2x_2 + \cdots + b$ (如果有多个区域的 x 值)

式中,因变量 y 是自变量 x 的函数值。M 值是与每个 x 值相对应的系数,b 为常量。注意 y、x 和 m 可以是向量。LINEST 函数返回的数组为 $\{m_n, m_{n-1}, \cdots, m_1, b\}$。LINEST 函数还可返回附加回归统计值。

语法: LINEST (known_y's, known_x's, const, stats)

参数说明:

Known_y's 是关系表达式 $y = mx + b$ 中已知的 y 值集合。

- 如果数组 known_y's 在单独一列中,则 known_x's 的每一列被视为一个独立的变量。
- 如果数组 known-y's 在单独一行中,则 known-x's 的每一行被视为一个独立的变量。

Known_x's 是关系表达式 $y = mx + b$ 中已知的可选 x 值集合。

- 数组 known_x's 可以包含一组或多组变量。如果只用到一个变量,只要 known_y's 和 known_x's 维数相同,它们可以是任何形状的区域。如果用到多个变量,则 known_y's 必须为向量(即必须为一行或一列)。
- 如果省略 known_x's,则假设该数组为 {1, 2, 3, …},其大小与 known_y's 相同。

Const 为一逻辑值,用于指定是否将常量 b 强制设为 0。

- 如果 const 为 TRUE 或省略，b 将按正常计算。
- 如果 const 为 FALSE，b 将被设为 0，并同时调整 m 值使 y = mx。

Stats 为一逻辑值，指定是否返回附加回归统计值。

- 如果 stats 为 TRUE，则 LINEST 函数返回附加回归统计值，这时返回的数组为 $\{m_n, m_{n-1}, \cdots, m_1, b; se_n, se_{n-1}, \cdots, se_1, se_b; r_2, se_y; F, d_f; ss_{reg}, ss_{resid}\}$。
- 如果 stats 为 FALSE 或省略，LINEST 函数只返回系数 m 和常量 b。

附加回归统计值如表 7.1 所示。

表 7.1 附加回归统计值说明

统计值	说 明
$se_1, se_2, \cdots, se_n$	系数 $m_1, m_2, \cdots, m_n$ 的标准误差值。
se_b	常量 b 的标准误差值（当 const 为 FALSE 时，seb = #N/A）
r_2	判定系数。Y 的估计值与实际值之比，范围在 0 到 1 之间。如果为 1，则样本有很好的相关性，Y 的估计值与实际值之间没有差别。如果判定系数为 0，则回归公式不能用来预测 Y 值。有关计算 r2 的方法的详细信息，请参阅本主题后面的"说明"。
se_y	Y 估计值的标准误差。
F	F 统计或 F 观察值。使用 F 统计可以判断因变量和自变量之间是否偶尔发生过可观察到的关系。
d_f	自由度。用于在统计表上查找 F 临界值。所查得的值和 LINEST 函数返回的 F 统计值的比值可用来判断模型的置信度。有关如何计算 df，请参阅在此主题中后面的"说明"。示例 4 说明了 F 和 df 的使用。
ss_{reg}	回归平方和。
ssr_{esid}	残差平方和。有关计算 ss_{reg} 和 ss_{resid} 的方法的详细信息，请参阅本主题后面的"说明"。

图 7.4 显示了附加回归统计值返回的顺序。

示例 7.1：斜率和 Y 轴截距。在工作表 A1：B6 中输入图 7.5 中的数据，注意公式必须以数组公式输入：在 A7 单元格输入"= LINEST（A2：A5，B2：B5,，FALSE)"后，选择以公式单元格开始的区域 A7：B7。按 F2，再按 Ctrl + Shift + Enter。如果公式不是以数组公式输入，则返回单个结果值 2，无法获得 y 轴截距。当以数组输入时，将返回斜率 2 和 y 轴截距 1。

示例 7.2：简单线性回归。在工作簿中构建如表 7.2 所示的计算模型，在

	A	B	C	D	E	F
1	m_n	m_{n-1}	...	m_2	m_1	b
2	se_n	se_{n-1}	...	se_2	se_1	se_b
3	r_2	se_y				
4	F	d_f				
5	ss_{reg}	ss_{resid}				

图 7.4 附加回归统计值返回的顺序

	A	B
1	已知 y	已知 x
2	1	0
3	9	4
4	5	2
5	7	3
6	公式	公式
7	2	1

图 7.5 斜率和 Y 轴截距数据

A2-A7、B2-B7 中输入示例数据,在 A9 中输入计算公式。

表 7.2   简单线性回归的计算模型

	A	B
1	月	销售
2	1	3 100
3	2	4 500
4	3	4 400
5	4	5 400
6	5	7 500
7	6	8 100
	公式	说明(结果)
	= SUM (LINEST (B2:B7, A2:A7) * {9, 1})	估算第 9 个月的销售值

计算结果如图 7.6 所示。

	A	B	C	D	E
A9	▼	f_x	=SUM(LINEST(B2:B7, A2:A7)*{9,1})		
1	月	销售			
2	1	3 100			
3	2	4 500			
4	3	4 400			
5	4	5 400			
6	5	7 500			
7	6	8 100			
8	公式	说明（结果）			
9	11 000	估算第9个月的销售值（11000）			

图 7.6　简单线性回归的计算结果

通常，SUM（{m，b}＊{x，1}）等于 mx＋b，即给定 x 值的 y 的估计值。也可以使用 TREND 函数。

示例 7.3：多重线性回归。假设有开发商正在考虑购买商业区里的一组小型办公楼。开发商可以根据表 7.3 所示的变量，采用多重线性回归的方法来估算给定地区内的办公楼的价值。

表 7.3　　　　　　　　　　　　示例 7.3 变量表

变量	代表
y	办公楼的评估值
x_1	底层面积（平方英尺）
x_2	办公室的个数
x_3	入口个数
x_4	办公楼的使用年数

本示例假设在自变量（x_1、x_2、x_3 和 x_4）和因变量（y）之间存在线性关系。其中 y 是办公楼的价值。

开发商从 1 500 个可选的办公楼里随机选择了 11 个办公楼作为样本，得到如表 7.4 所示的数据。其中，"0.5 个入口"指的是运输专用入口。

表 7.4　　　　　　　　　　本示例样本数据

	A	B	C	D	E
1	底层面积（x1）	办公室的个数（x2）	入口个数（x3）	办公楼的使用年数（x4）	办公楼的评估值（y）
2	2 310	2	2	20	142 000
3	2 333	2	2	12	144 000
4	2 356	3	1.5	33	151 000
5	2 379	3	2	43	150 000
6	2 402	2	3	53	139 000
7	2 425	4	2	23	169 000
8	2 448	2	1.5	99	126 000
9	2 471	2	2	34	142 900
10	2494	3	3	23	163 000
11	2 517	4	4	55	169 000
12	2 540	2	3	22	149 000
	公式				
	= LINEST（E2：E12，A2：D12，TRUE，TRUE）				

注意：示例中的公式必须以数组公式输入。在将公式输入到一张空白工作表后，选择以公式单元格开始的区域 A14：E18。按 F2，再按 Ctrl + Shift + Enter。如果公式不是以数组公式输入，则返回单个结果值 −234.2371645。

当作为数组输入时，将返回下面的回归统计表格，如图 7.7 所示，可将其与"附加回归统计值返回的顺序"示意图进行比较以识别所需的统计值。

多重回归公式，$y = m_1 \times x_1 + m_2 \times x_2 + m_3 \times x_3 + m_4 \times x_4 + b$，可通过第 14 行的值得到：

$y = 27.64 \times x_1 + 12\,530 \times x_2 + 2\,553 \times x_3 − 234.24 \times x_4 + 52\,318$

现在，开发商用下面公式可得到办公楼的评估价值，其中面积为 2,500 平方英尺、3 个办公室、2 个入口，已使用 25 年：

$y = 27.64 \times 2500 + 12530 \times 3 + 2553 \times 2 − 234.24 \times 25 + 52318 = ¥158\,261$

或者，可在单元格 A21 为起始区域输入表 7.5 中的数据。

	A	B	C	D	E
1	底层面积 (x1)	办公室的个数 (x2)	入口个数 (x3)	办公楼的使用年数 (x4)	办公楼的评估值 (y)
2	2 310	2	2	20	142 000
3	2 333	2	2	12	144 000
4	2 356	3	1.5	33	151 000
5	2 379	3	2	43	150 000
6	2 402	2	3	53	139 000
7	2 425	4	2	23	169 000
8	2 448	2	1.5	99	126 000
9	2 471	2	2	34	142 900
10	2 494	3	3	23	163 000
11	2 517	4	4	55	169 000
12	2 540	2	3	22	149 000
13	公式				
14	-234.2371645	2553.21066	12529.76817	27.64138737	52317.83051
15	13.26801148		530.6691519	400.066838	5.42937404	12237.3616
16	0.996747993	970.5784629	#N/A	#N/A	#N/A
17	459.7536742	6	#N/A	#N/A	#N/A

图 7.7 返回的回归统计表格

表 7.5   评估输入数据

底层面积 (x1)	办公室的个数 (x2)	入口个数 (x3)	办公楼的使用年数 (x4)	办公楼的评估值 (y)
2500	3	2	25	= D14 * A22 + C14 * B22 + B14 * C22 + A14 * D22 + E14

可以得到如图 7.8 所示的结果。

底层面积 (x1)	办公室的个数 (x2)	入口个数 (x3)	办公楼的使用年数 (x4)	办公楼的评估值 (y)
2500	3	2	25	158261.096

图 7.8 评估结果示意图

7.3.4 使用预测函数

预测函数 FORECAST 根据已有的数值计算或预测未来值。此预测值为基于给定的 x 值推导出的 y 值。已知的数值为已有的 x 值和 y 值，再利用线性回归对新值进行预测。可以使用该函数对未来销售额、库存需求或消费趋势进行预测。

语法：FORECAST (x, known_ y's, known_ x's)

参数说明：

X   为需要进行预测的数据点。

Known_ y's 为因变量数组或数据区域。
Known_ x's 为自变量数组或数据区域。
- 如果 x 为非数值型，函数 FORECAST 返回错误值 #VALUE!。
- 如果 known_ y's 和 known_ x's 为空或含有不同个数的数据点，函数 FORECAST 返回错误值 #N/A。
- 如果 known_ x's 的方差为零，函数 FORECAST 返回错误值 #DIV/0!。
- 函数 FORECAST 的计算公式为 a+bx，式中：

$a = \overline{Y} - b\overline{X}$

且：

$$b = \frac{n\sum xy - (\sum x)(\sum y)}{n\sum x^2 - (\sum x)^2}$$

且其中 x 和 y 为样本平均数 AVERAGE（known_ x's）和 AVERAGE（known_ y's）。

示例 7.4：基于给定的 x 值为 y 预测一个值。已知 6 组历史数据如表 7.6 所示，请为新的 x 值 30 预测 y 值。

表 7.6   给定 x 值为 y 预测一个值

	A	B
1	已知 y	已知 x
2	6	20
3	7	28
4	9	31
5	15	38
6	21	40
	公式	说明（结果）
	=FORECAST (30, A2: A6, B2: B6)	基于给定的 x 值 30 为 y 预测一个值

在空白工作表中输入对应数据与公式，可以得到如图 7.9 所示的结果。

7.3.5 使用指数曲线趋势函数

指数曲线趋势函数 GROWTH 根据现有的数据预测指数增长值。根据现有的 x 值和 y 值，GROWTH 函数返回一组新的 x 值对应的 y 值。可以使用 GROWTH 工作表函数来拟合满足现有 x 值和 y 值的指数曲线。

语法：GROWTH (known_ y's, known_ x's, new_ x's, const)

	A8	▼	fx	=FORECAST(30,A2:A6,B2:B6)
	A	B	C	D
1	已知 Y	已知 X		
2	6	20		
3	7	28		
4	9	31		
5	15	38		
6	21	40		
7	公式	说明（结果）		
8	10.60725	基于给定的 x 值 30 为 y 预测一个值		

图 7.9 给定 x 值为 y 预测一个值结果

参数说明：

Known_y's 满足指数回归拟合曲线 $y = b * m^x$ 的一组已知的 y 值。

- 如果数组 known_y's 在单独一列中，则 known_x's 的每一列被视为一个独立的变量。
- 如果数组 known-y's 在单独一行中，则 known-x's 的每一行被视为一个独立的变量。
- 如果 known_y*s 中的任何数为零或为负数，GROWTH 函数将返回错误值 #NUM!。

Known_x's 满足指数回归拟合曲线 $y = b * m^x$ 的一组已知的 x 值，为可选参数。

- 数组 known_x's 可以包含一组或多组变量。如果只用到一个变量，只要 known_y's 和 known_x's 维数相同，它们可以是任何形状的区域。如果用到多个变量，known_y's 必须为向量（即必须为一行或一列的区域）。
- 如果省略 known_x's，则假设该数组为 {1, 2, 3, …}，其大小与 known_y's 相同。

New_x's 为需要通过 GROWTH 函数返回的对应 y 值的一组新 x 值。

- New_x's 与 known_x's 一样，对每个独立变量必须包括单独的一列（或一行）。因此，如果 known_y's 是单列的，known_x's 和 new_x's 应该有同样的列数。如果 known_y's 是单行的，known_x's 和 new_x's 应该有同样的行数。
- 如果省略 new_x's，则假设它和 known_x's 相同。
- 如果 known_x's 与 new_x's 都被省略，则假设它们为数组 {1, 2, 3,

…}，其大小与 known_ y's 相同。

Const 为一逻辑值，用于指定是否将常数 b 强制设为 1。
- 如果 const 为 TRUE 或省略，b 将按正常计算。
- 如果 const 为 FALSE，b 将设为 1，m 值将被调整以满足 y = m^x。

注意：对于返回结果为数组的公式，在选定正确的单元格个数后，必须以数组公式的形式输入。当为参数（如 known_ x's）输入数组常量时，应当使用逗号分隔同一行中的数据，用分号分隔不同行中的数据。

示例 7.5：使用指数曲线趋势函数进行趋势预测。本示例数据如表 7.7 所示。

表 7.7　　　　　　　　　使用指数曲线趋势函数示例

	A	B	C
1	月	值	公式（对应的值）
2	11	33 100	= GROWTH（B2：B7，A2：A7）
3	12	47 300	
4	13	69 000	
5	14	102 000	
6	15	150 000	
7	16	220 000	
	月	公式（预测的值）	
17		= GROWTH（B2：B7，A2：A7，A9：A10）	
18			

在空白工作表中输入以上数据，并在表中设计两个计算公式。第一个公式（C2）显示与已知值对应的值。如果指数趋势继续存在，则第二个公式（B9）将预测下个月的值。

注意：必须将示例中的公式以数组公式的形式输入。将示例复制到空白工作表后，请选中以公式单元格开始的区域 C2：C7 或 B9：B10。按 F2，再按 Ctrl + Shift + Enter。如果公式不是以数组公式的形式输入，则单个结果为 32618.20377 和 320196.7184。

本示例计算结果如图 7.10 所示。

7.3.6 用趋势线进行回归分析

利用向图表中添加趋势线的机会，可以计算多种回归。下面先介绍几个

	A	B	C
1	月	值	公式（对应的值）
2	11	33 100	32618.20377
3	12	47 300	47729.42261
4	13	69 000	69841.30086
5	14	102 000	102197.0734
6	15	150 000	149542.4867
7	16	220 000	218821.8762
8	月	公式（预测的值）	
9	17	320196.7184	
10	18	468536.0542	

图 7.10 示例计算结果

术语。
- 趋势线：趋势线以图形的方式表示数据系列的趋势，例如，向上倾斜的线表示几个月中增加的销售额。趋势线用于问题预测研究，又称为回归分析。
- 移动平均：是数据系列中部分数据的一系列平均值。在图表中使用移动平均能够使数据的波动变平滑，从而更清楚地显示图表类型或趋势。
- 数据系列：在图表中绘制的相关数据点，这些数据源自数据表的行或列。图表中的每个数据系列具有唯一的颜色或图案并且在图表的图例中表示。可以在图表中绘制一个或多个数据系列。饼图只有一个数据系列。

添加趋势线的基本步骤是：单击要为其添加趋势线或移动平均的数据系列。在"图表"菜单上，单击"添加趋势线"。在"类型"选项卡上，单击所需的回归趋势线或移动平均的类型。
- 如果选取了"多项式"，则可在"阶数"框中键入自变量的最高乘幂。
- 如果选取了"移动平均"，请在"周期"框中键入用于计算移动平均的周期数目。

注意："选择数据系列"列表框中列出了当前图表中所有支持趋势线的数据系列。若要为另一数据系列添加趋势线，请在列表框中单击其名称，再选择所需的选项。如果向 xy（散点）图添加移动平均线，则生成的移动平均线将以图表中所绘的 X 值的次序为基础。若要得到满意的结果，请在添加移动平均线之前为 X 值排序。

现在以图 7.11 所示的数据为例进行实验。

	A	B
1	月	销售
2	1	3100
3	2	4500
4	3	4400
5	4	5400
6	5	7500
7	6	8100

图 7.11 趋势线示例

通过工具栏上的 ![icon] 启动 "图表向导",选择 "XY 散点图",如图 7.12 所示。

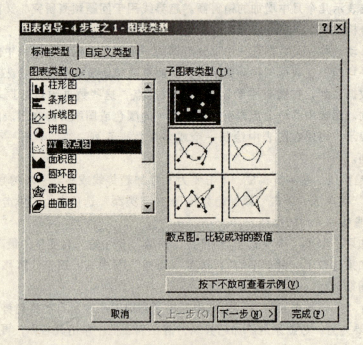

图 7.12 图表类型选择

再点击下一步,到"图表向导"窗口,输入 X、Y 轴信息,如图 7.13 所示。

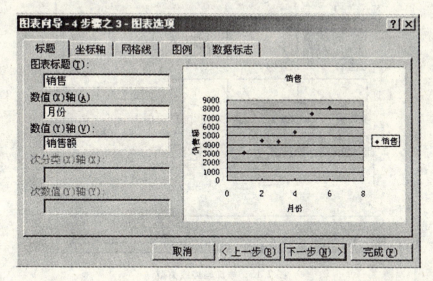

图 7.13　图表选项

点击如图 7.13 所示的下一步,再点击完成,可以得到图 7.14。

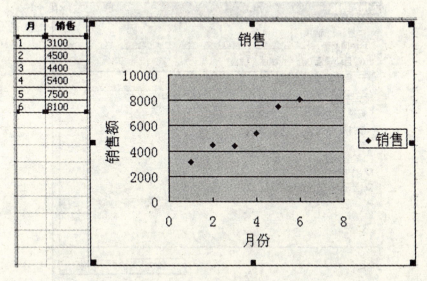

图 7.14　数据图表

点选图中任何一个数据点,选择图表菜单中的"添加趋势线",根据数据和图表特征,现在应该选取"线性"类型,如图 7.15 所示。

在选项标签中,勾选"显示公式"和"显示 R 平方值"两项,如图 7.16 所示。

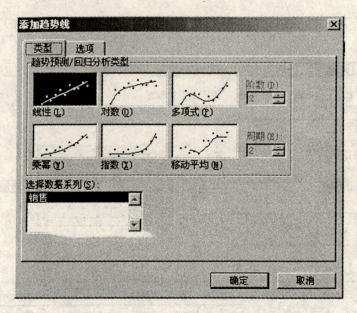

图 7.15　添加趋势线类型

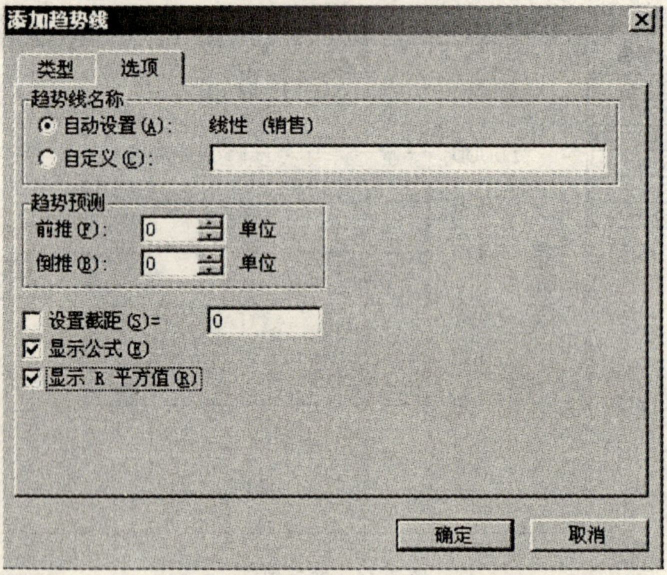

图 7.16　添加趋势线选项

再单击"确定"按钮,可以看到图 7.17 及图上显示的回归方程式和判定系数。其方程式为:y = 1000x + 2000,判定系数为 0.9338。

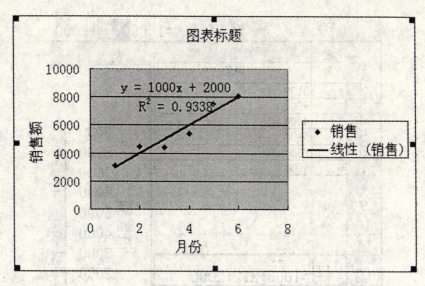

图 7.17 添加趋势线结果

接着同样也可以方便地进行预测。

例如要预测 11 月份的销售额,将 11 输入到 A12 中,点击图表中的方程式,选取回归方程式,如图 7.18 所示。

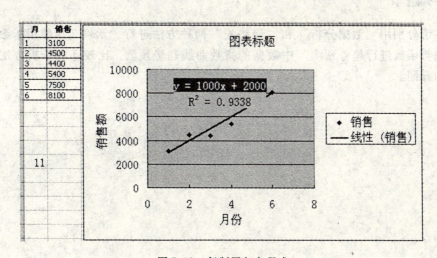

图 7.18 复制回归方程式

将方程式复制到 B12 中,进行公式修正:删除多余的 y,将 x 改为 * A12,如图 7.19 所示。

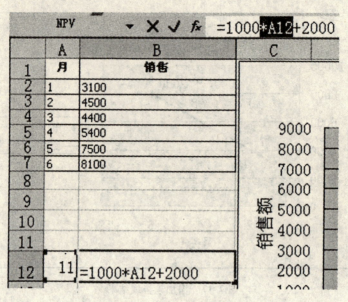

图 7.19 修正公式参数

回车后可以看到预测结果为：13000。

练习题

请分别用"数据分析"和"趋势线"两种方法进行"示例 7.5 使用指数曲线趋势函数进行趋势预测"中数据的指数曲线趋势预测，比较 3 种分析方法之间的异同。

8 数据透视表实验

8.1 实验目的与要求

（1）了解 Microsoft Excel 提供的数据透视表。
（2）掌握创建数据透视表和数据透视图的方法。
（3）掌握使用数据透视表和数据透视图进行分析的方法。

8.2 实验内容

（1）理解数据透视表。
（2）基于"数据录入技巧"实验结果创建数据透视表。
（3）为已有的数据透视表创建数据透视图。
（4）对数据透视表和数据透视图进行操作与分析。

8.3 实验操作步骤

本实验包括以下 4 部分：数据透视表概述、创建数据透视表、显示或隐藏数据透视表或数据透视图字段中的项、创建数据透视图。

8.3.1 数据透视表概述

1. 什么是数据透视表

数据透视表是交互式报表，可快速合并和比较大量数据。用户可旋转其行和列以看到源数据的不同汇总，而且可显示感兴趣区域的明细数据。图 8.1 是数据透视表的一个例子。图中①为元数据，是某体育用品公司各营业点的销售情况汇总表，如果管理者想更好地观察各种产品在每个季度的总体销售情况，就可以创建图中③所示的数据透视表，其中④所示的第三季度高尔夫汇总数据来自于②所示的 C2 和 C8 两个源值。

在数据透视表中，元数据中的每列或字段都成为汇总多行信息的数据透视表字段。在上例中，"运动"列成为"运动"字段，高尔夫的每条记录在单个高尔夫项中进行汇总。

数据字段（如"求和项：销售额"）提供要汇总的值。上述报表中的单元格

F3 包含的"求和项：销售额"值来自元数据中"运动"列包含"高尔夫"和"季度"列包含"第三季度"的每一行。

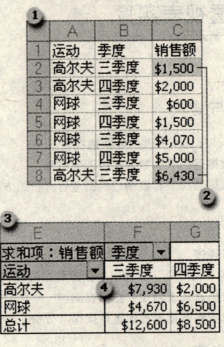

图 8.1 数据透视表示例

2. 数据透视表的功能

如果要分析相关的汇总值，尤其是在要合计较大的列表并对每个数字进行多种比较时，可以使用数据透视表。在上面所述报表中，用户可以很清楚地看到单元格 F3 中第三季度高尔夫销售额是如何通过其他运动或季度的销售额或总销售额计算出来的。由于数据透视表是交互式的，因此，可以更改数据的视图以查看更多明细数据或计算不同的汇总额，如计数或平均值。

使用数据透视表，报表用户可以完成以下操作：

- 生成许多不同的视图和报表。
- 确定显示哪一个字段。
- 把字段移动到报表的不同位置上。
- 用多种方法对数值型字段进行汇总。
- 用刷选来控制显示字段中的某些值。
- 挖掘显示数值型数据的底层数据集。
- 从单个数据透视表创建多个报表。

3. 创建数据透视表的基本操作

若要创建数据透视表，请运行"数据透视表和数据透视图向导"。在向导中，从工作表列表或外部数据库中选择元数据。向导然后为用户提供报表的工作表区域和可用字段的列表。当用户将字段从列表窗口拖到分级显示区域时，Microsoft Excel 自动汇总并计算报表。

注意：（1）如果使用"Office 数据连接"检索报表的外部数据（指存储在 Excel 之外的数据。例如，在 Access、dBASE、SQL Server 或 Web 服务器上创建的数据库），则可直接将数据返回到数据透视表，而不必运行"数据透视表和数据透视图向导"。（2）当不需要合并来自外部数据库的多个表中的数据，或者不需要在创建报表前筛选数据以选择特定记录时，推荐使用"Office 数据连接"检索报表的外部数据以及检索 OLAP 数据库的数据。

创建数据透视表后，可对其进行自定义以集中在所需信息上。自定义的方面包括更改布局、更改格式或深化以显示更详细的数据。

8.3.2 创建数据透视表

（1）打开要创建数据透视表的工作簿。本实验以"数据录入技巧"一节中保存的数据进行操作。如图 8.2 所示。

	A	B	C	D	E	F
1			绩效考核			
2	日期	部门	销售额	成本	是否完成任务	目标利润
3	2007年1月15日	A部门	1545.00	500.00	1.00	1000
4	2007年1月15日	B部门	2485.00	542.00	-1.00	2000
5	2007年1月15日	C部门	1356.00	200.00	-1.00	1500
6	2007年1月15日	D部门	2453.00	160.00	1.00	2200
7	2007年1月15日	E部门	1998.00	120.00	1.00	1800
8	2007年1月16日	A部门	1364.00	245.00	1.00	1000
9	2007年1月16日	B部门	2551.00	600.00	-1.00	2000
10	2007年1月16日	C部门	1689.00	200.00	-1.00	1540
11	2007年1月16日	D部门	2842.00	500.00	1.00	2100
12	2007年1月16日	E部门	2431.00	400.00	1.00	1900

图 8.2 示例数据

注意：

- 如果是基于 Web 查询、参数查询、报表模板、"Office 数据连接"文件或查询文件创建报表，请将检索数据导入到工作簿中，再单击包含检索数据的 Microsoft Excel 列表中的单元格。
- 如果检索的数据是来自于 OLAP 数据库，或者"Office 数据连接"以空白数据透视表的形式返回数据,请继续下面的步骤 6。
● 如果要基于 Excel 列表或数据库创建报表,请单击列表或数据库中的单元格。现在请单击列表中的单元格。

(2) 在"数据"菜单上,单击"数据透视表和数据透视图"。出现数据透视表和数据透视图向导,如图 8.3 所示。

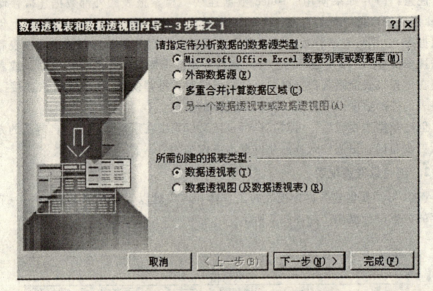

图 8.3 数据透视表和数据透视图向导

(3) 在"数据透视表和数据透视图向导"的步骤 1 中,指定数据源类型,并单击"所需创建的报表类型"下的"数据透视表",点击下一步。

(4) 按向导步骤 2 中的指示进行操作。指定数据源区域,如图 8.4 所示。

(5) 按向导步骤 3 中的指示进行操作,然后决定是在屏幕上还是在向导中设置报表版式,如图 8.5 所示。

通常,可以在屏幕上设置报表的版式,推荐使用这种方法。只有在从大型的外部数据源缓慢地检索信息,或需要设置页字段(在数据透视表或数据透视图报表中指定为页方向的字段。在页字段中,既可以显示所有项的汇总,也可以一次显示一个项,而筛选掉所有其他项的数据)来一次一页地检索数据时,才使用向导设置报表版式。如果不能确定,请尝试在屏幕上设置报表版式。如有必要,可以返回向导。

(6) 进行布局设置与调整。
①单击"布局",弹出"布局管理器"对话框,如图 8.6 所示。
②将所需字段从右边的字段按钮组拖动到图示的"行"和"列"区域中。

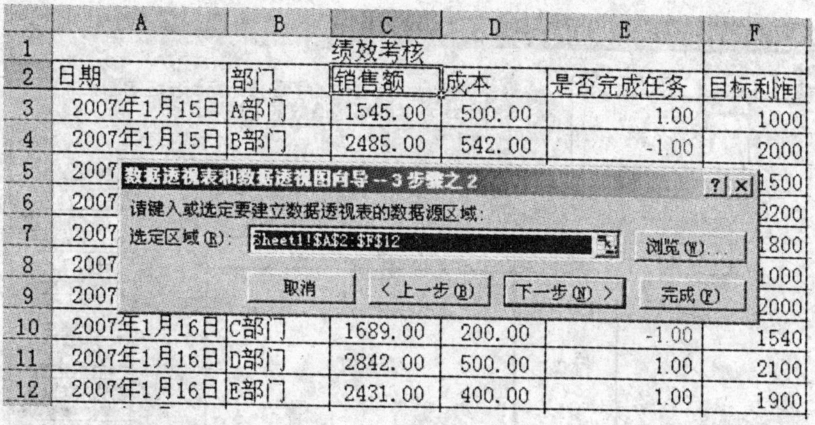

8 数据透视表实验

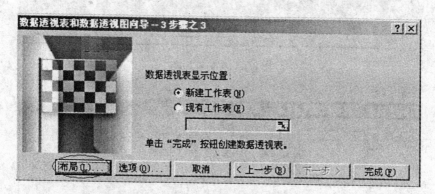

图 8.4 指定数据源区域

图 8.5 数据透视表和数据透视图向导步骤 3

③对于要汇总其数据的字段,请将这些字段拖动到"数据"区,如图 8.7 所示。

④将要作为页字段使用的字段拖动到"页"区域中。请试验按"是否完成任务"进行分页显示。如果希望 Excel 一次检索一页数据,以便可以处理大量的元数据,请双击页字段,单击"高级",再单击"当选择页字段项时,检索外部数据源"选项,再单击"确定"按钮两次(该选项不可用于某些源数据,包括 OLAP 数据库和"Office 数据连接")。

⑤若要删除字段,请将其拖到图形区之外。请试验删除上一步中添加的页字段。

⑥如果对版式满意,可单击"确定",然后单击"完成"。可以得到如图 8.8 所示的数据透视表。

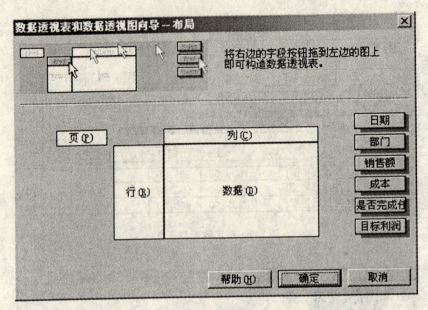

图 8.6 布局管理器

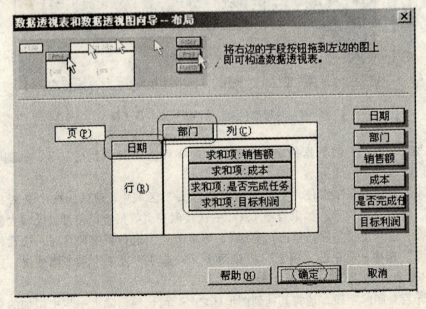

图 8.7 布局示意图

⑦若要重排字段,请将它们拖到其他区域。某些字段只能用于某些区域;如果将一个字段拖动到其不能使用的区域,该字段将不会显示。如将行字段中的日

	请将页字段拖至此处					
日期	数据	A部门	B部门	C部门	D部门	E部门	总计
2007年1月15日	求和项:销售额	1545	2485	1356	2453	1998	9837
	求和项:成本	500	542	200	160	120	1522
	求和项:是否完成任务	1	-1	-1	1	1	1
	求和项:目标利润	1000	2000	1500	2200	1800	8500
2007年1月16日	求和项:销售额	1364	2551	1689	2842	2431	10877
	求和项:成本	245	600	200	500	400	1945
	求和项:是否完成任务	1	-1	-1	1	1	1
	求和项:目标利润	1000	2000	1540	2100	1900	8540
求和项:销售额汇总		2909	5036	3045	5295	4429	20714
求和项:成本汇总		745	1142	400	660	520	3467
求和项:是否完成任务汇总		2	-2	-2	2	2	2
求和项:目标利润汇总		2000	4000	3040	4300	3700	17040

图 8.8　生成数据透视表

期与数据对换一下位置，就可以清楚看出每个部门连续两天在不同指标上的具体比较情况，如图 8.9 所示。

			部门				
3	数据	日期	A部门	B部门	C部门	D部门	E部门	总计
5	求和项:销售额	2007年1月15日	1545	2485	1356	2453	1998	9837
6		2007年1月16日	1364	2551	1689	2842	2431	10877
7	求和项:成本	2007年1月15日	500	542	200	160	120	1522
8		2007年1月16日	245	600	200	500	400	1945
9	求和项:是否完成	2007年1月15日	1	-1	-1	1	1	1
10		2007年1月16日	1	-1	-1	1	1	1
11	求和项:目标利润	2007年1月15日	1000	2000	1500	2200	1800	8500
12		2007年1月16日	1000	2000	1540	2100	1900	8540

图 8.9　将行字段中的日期与数据对换一下位置效果图

8.3.3　显示或隐藏数据透视表或数据透视图字段中的项

如果隐藏行字段（行字段：数据透视表中按行显示的字段。与行字段相关的项显示为行标志）或列字段（列字段：数据透视表中按列显示的字段。与列字段相关的项显示为列标志）中的项，那么这些项将从报表中消失，但仍然显示在字段下拉列表中。如果隐藏页字段中的项，那么这些项不仅会从报表中消失，而且还会在字段下拉列表中消失。

1. 显示字段的前几项或后几项

（1）单击该字段。对于数据透视图报表，请单击相关联的数据透视表中的字段。假设本例中要选出哪一天的目标利润最大。

（2）在"数据透视表"工具栏上，单击"数据透视表"，再单击"排序并列出前 10 个"，如图 8.10 所示。

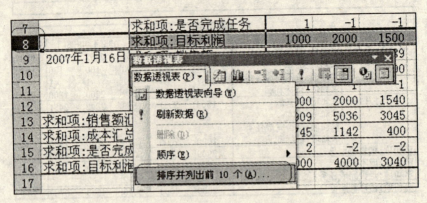

图 8.10 排序并列出前 10 个操作过程

（3）在"自动显示前 10 项"之下,单击"打开"。

（4）在"显示"框中,单击"最大"或"最小",并在右侧的框中,输入要显示项的个数。

（5）在"使用字段"框中,单击数据字段来计算最大或最小项。根据要求应选择"求和项：目标利润",如图 8.11 所示。

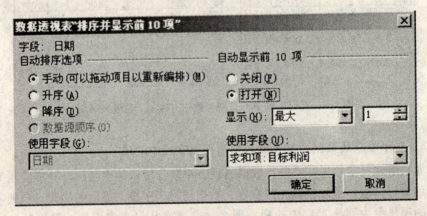

图 8.11 排序并列出前 10 个设置示意图

（6）点击"确定",结果如图 8.12 所示。

2. 显示或隐藏行（分类）或列（系列）字段中的项

（1）单击字段中的下拉箭头。

（2）选择每个要显示的项的复选框,并清除要隐藏的项的复选框,如图 8.13 所示。

日期	数据	部门 A部门	B部门	C部门	D部门	E部门	总计
2007年1月16日	求和项:销售额	1364	2551	1689	2842	2431	10877
	求和项:成本	245	600	200	500	400	1945
	求和项:是否完成任务	1	-1	-1	1	1	1
	求和项:目标利润	1000	2000	1540	2100	1900	8540
求和项:销售额汇总		1364	2551	1689	2842	2431	10877
求和项:成本汇总		245	600	200	500	400	1945
求和项:是否完成任务汇总		1	-1	-1	1	1	1
求和项:目标利润汇总		1000	2000	1540	2100	1900	8540

图 8.12　隐藏处理结果

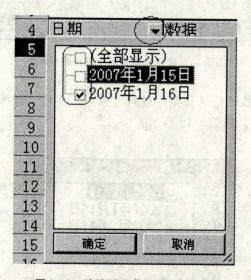

图 8.13　清除要隐藏的项的复选框

（3）如果要显示或隐藏没有数据的项，请双击该字段，然后在"数据透视表字段"对话框中，选中或清除"显示空数据项"复选框（某些类型的元数据不支持该选项）。

（4）单击"确定"，可以看到只是显示了需要显示的项。

3. 重新显示字段中的隐藏项

（1）双击字段。

（2）在"数据透视表字段"对话框中，单击"高级"，如图 8.14 所示。

（3）在"自动显示前 10 项"之下，单击"关闭"。

（4）单击"确定"，如果出现了"隐藏项"框，并有已选中的项，请取消对这些项的选择。

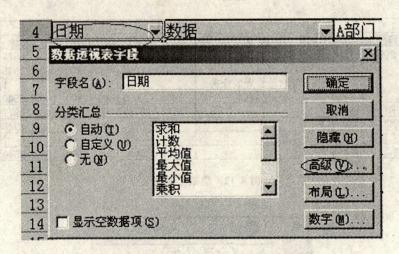

图 8.14 重新显示字段中的隐藏项操作

（5）如果该字段是行（分类）或列（系列）字段，请单击下拉箭头，再单击"（全部显示）"，如图 8.15 所示。

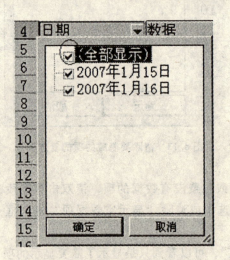

图 8.15 字段是行或列字段操作

8.3.4 创建数据透视图

本节为已有的数据透视表创建数据透视图，以便更直观地查看数据。

1. 用一个简单步骤创建默认图表

单击透视表报表，再单击透视表报表工具栏上的"图表向导"按钮 即可，如图 8.16 所示。

图 8.16 透视表报表工具栏

2. 使用"图表向导"创建自定义图表

（1）在透视表报表外边，单击与其不相邻的单元格。

（2）单击常用工具栏上的"图表向导"按钮 。此时，透视表报表工具栏上的"图表向导"按钮不可用。

（3）在向导的第 1 步中，选择图表类型。可以使用除 XY 散点图、气泡图或股价图以外的任意图表类型。再单击"下一步"，如图 8.17 所示。

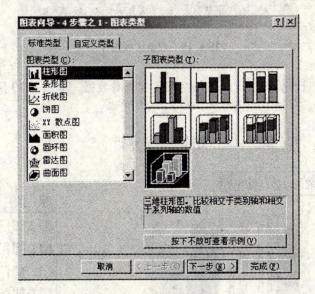

图 8.17 图表类型选择

（4）在向导的第 2 步中，单击透视表报表，这样"数据区域"框中的引用可展开以包括整个报表。如图 8.18 所示。

（5）按照"图表向导"中以后的指导步骤进行操作即可生成数据透视图。

利用数据透视图可以直观地查看数据，如选择只查看销售额情况、选择不同日期组合等。而且，通过按下"角点"（图 8.19 中数据立方体中加黑了的 8 个

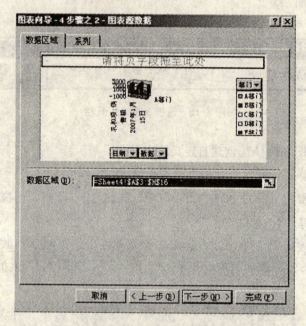

图 8.18　数据区域选择

顶点）工具并进行旋转可以从立体空间角度查看数据，如图 8.19 所示。

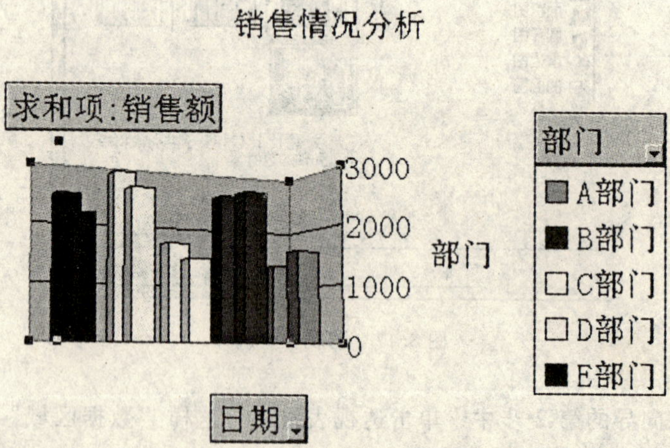

图 8.19　旋转数据透视图查看数据

如果不想查看数据透视图的相关联的数据透视表，请将其隐藏。方法是：单击包含数据透视表的工作表,指向"格式"菜单上的"工作表",再单击"隐藏"。

练习题

(1) 用数据透视表分析图 8.20 所示数据中各部门赢利情况,并进行排序。

(2) 再利用数据透视图对图 8.20 所示各部门的赢利情况进行分析,找出赢利最多的部门。

日期	部门	销售额	成本	目标利润
2008年2月8日	A部门	2678.00	1300.00	1000
2008年2月8日	B部门	2800.00	1400.00	1200
2008年2月8日	C部门	2976.00	1450.00	1500
2008年2月8日	D部门	3058.00	1500.00	1800
2008年2月8日	E部门	3300.00	1550.00	1900
2008年2月9日	A部门	2079.00	1300.00	1000
2008年2月9日	B部门	3065.00	1400.00	1200
2008年2月9日	C部门	3100.00	1450.00	1500
2008年2月9日	D部门	2998.00	1500.00	1800
2008年2月9日	E部门	4000.00	1550.00	1900

图 8.20 练习示例

9 使用OLAP数据集实验

9.1 实验目的与要求

（1）了解 OLAP 的基本理论。
（2）掌握 Microsoft Excel 连接 OLAP 多维数据集的方法。
（3）掌握在 Microsoft Excel 使用 OLAP 多维数据集进行分析的方法。

9.2 实验内容

（1）熟悉 OLAP 的概念、操作与功能。
（2）通过 Microsoft Excel 连接 "DW/BI 型决策支持系统实验" 中建立的多维数据集 sales_ cube_ view。
（3）使用该连接对 OLAP 多维数据集进行分析。

9.3 实验操作步骤

本实验包括以下 5 部分：OLAP 概念、Microsoft Excel 中的 OLAP 功能、访问 OLAP 所需的软件组件、连接和使用 OLAP 多维数据集、Excel 可访问的数据源。

9.3.1 OLAP 概述

1. OLAP 概念

联机分析处理（Online Analytical Processing，OLAP）是 E. F. Codd 于 1993 年提出的。当时，Codd 认为联机事务处理（Online transaction processing - OLTP）不能满足终端用户对数据库查询分析的需要，SQL 对大数据库进行的简单网络查询及报告不能满足用户分析的需求，决策分析需要对关系数据库进行大量的计算才能得到结果。查询的结果并不能解决决策者所提出的问题。

因此，Codd 提出了多维数据库和多维分析的概念，即 OLAP 的概念，Codd 提出了 OLAP 的十二条规则，即：

（1）多维概念视图：用户按多维角度来看待企业数据，故 OLAP 模型应当是多维的。

（2）透明性：分析工具的应用对用户是透明的。

（3）存取能力：OLAP 工具能将逻辑模式映射到物理数据存储，并可访问数据，给出一致的用户视图。

（4）一致的报表性能：报表操作不应随维数增加而削弱。

（5）客户/服务器体系结构：OLAP 服务器能适应各种客户通过客户/服务器方式使用。

（6）维的等同性：每一维在其结构和操作功能上必须等价。

（7）动态稀疏矩阵处理：当存在稀疏矩阵时，OLAP 服务器应能推知数据是如何分布的，以及怎样存储才能更有效。

（8）多用户支持能力：OLAP 工具应提供并发访问（检索和修改）、完整性和安全性等功能。

（9）非限定的跨维操作：在多维数据分析中，所有维的生成和处理都是平等的。OLAP 工具应能处理维间的相关计算。

（10）直观的数据操作：如果要在维间进行细剖操作，都应该通过直接操作来完成，而不需要使用菜单或跨用户界面进行多次操作。

（11）灵活的报表生成：可以按任何想要的方式来操作、分析、综合、查看数据和制作报表。

（12）不受限制的维和聚集层次：OLAP 服务器至少能在一个分析模型中协调 15 个维，每一维应能允许无限个用户定义的聚集层次即聚类。

对于 Codd 提出的十二条准则，不同的看法有很多，也有人提出了一些其他定义和实现准则。OLAP 理事会给出的定义是：联机分析处理（OLAP）是一种软件技术，它使分析人员能够迅速、一致、交互地从各个方面观察信息，以达到深入理解数据的目的。这些信息是从原始数据转换过来的，按照用户的理解，它反映了企业真实的方方面面。

2. OLAP 与 OLTP

联机分析处理是以数据库或数据仓库为基础的，其最终数据来源与联机事务处理一样均来自底层的数据库系统，但二者面对的用户不同，OLTP 面对的是操作人员和基层管理人员，OLAP 面对的是决策人员和高层管理人员，因而数据的特点与处理也明显不同。

OLTP 是指操作人员和基层管理人员利用计算机网络对数据库中的数据进行查询、增、删、改操作，完成事务处理工作；OLTP 以快速事务响应和频繁的数据修改为特征，使用户利用数据库快速地处理具体业务。OLTP 应用时有频繁的写操作，所以数据库要提供数据锁、事务日志等机制。OLTP 应用要求多个查询并行，以便将每个查询的执行分布到一个处理器上。

OLAP 是决策人员和高层管理人员对数据仓库进行的信息分析处理。它是一项给数据分析人员以灵活、可用和及时的方式构造、处理和表示综合数据的技术。

3. OLAP 的数据组织

OLAP 的数据组织和数据仓库的数据组织相同。

(1) 基于关系数据库的 OLAP（ROLAP）：ROLAP 和数据仓库中的多维表的数据组织相同。在基于关系数据库的 OLAP 系统中，数据仓库的数据模型在定义完毕后，来自不同数据源的数据将装入数据仓库中，接着系统将根据数据模型需要运行相应的综合程序来综合数据，并创建索引以优化存取效率。最终用户的多维分析请求通过 ROLAP 引擎将动态翻译为 SQL 请求，然后由关系数据库来处理 SQL 请求，最后查询结果经多维处理（即将以关系表形式存放的结果转换为多维视图）后返回给用户。

(2) 基于多维数据库的 OLAP（MOLAP 或 MD-OLAP）：MOLAP 和数据仓库中多维数据库的数据组织相同。在基于多维数据库的 OLAP 系统中，MOLAP 将 DB 服务器层与应用逻辑层合二为一，DB 或 DW 层负责数据存储、存取及检索；应用逻辑层负责所有 OLAP 需求的执行。来自不同事务处理系统的数据通过一系列批处理过程载入 MDDB 中，数据在填入 MDDB 的数组结构之后，MDDB 将自动建立索引并进行预综合来提高查询性能。

(3) MOLAP 和 ROLAP 的比较：这两种技术都满足了 OLAP 数据处理的一般过程：即数据装入、汇总、建索引和提供使用。但可以发现，M-OLAP 较 ROLAP 要简明一些。由于 MDD 中信息粒度很粗，索引少，通常可长驻内存，使查询性能好。MOLAP 是基于多维数据的 OLAP 的存储，采用多维数据库（MDD）形式，是逻辑上的多维数组形式存储，表现为超立方结构。M-OLAP 的索引可以自动进行，并且可以根据元数据自动管理所有的索引及模式。这为应用开发人员设计物理数据模式和确定索引策略节省了不少时间和精力，不过也丧失了一定的灵活性。由于 MDD 以数组方式存储，数组中值的修改可以不影响索引，这样能很好地适应读写应用，缺点是维结构的修改需要数据库整个进行重新组织。相比而言，ROLAP 的实现较为复杂，但灵活性较好，用户可以动态定义统计或计算方式。

ROLAP 是基于关系 OLAP 的存储，有一个很强的 SQL 生成器；对目标数据库，能进行 SQL 优化；能通过元数据指导查询；有区分客户、服务器及中间件的能力。

4. OLAP 的多维数据分析

OLAP 的基本功能包括切片和切块、钻取与旋转等，下面总结 OLAP 的多维数据分析功能。

(1) 切片和切块（slice and dice）。

在多维数组的某一维上选定一维成员的动作称为切片；或者说选定多维数组

的一个二维子集的动作称为切片。在多维数组的某一维上选定一区间的维成员的动作称为切块；或者说选定多维数组的一个三维子集的动作称为切块。在多维数据结构中，按二维进行切片，按三维进行切块，可得到所需要的分析数据。

（2）钻取（drill）。

钻取有向下钻取（drill down）和向上钻取（drill up）。钻取分别采用的是在 6.2.1 节中介绍的综合分析（上钻取）与钻取分析（下钻取）的方法。

（3）旋转（pivoting）。

旋转是改变一个报告或页面显示的方向。通过旋转可以得到不同视角的数据。旋转操作相当于平面数据的坐标轴旋转。

（4）代理操作。

"代理"是一些智能性代理，当系统处于某种特殊状态时提醒分析员，包括三方面内容，即示警报告：可定义一些条件，一旦条件满足，系统会提醒分析员去做分析，如每日报告完成或月订货完成等；时间报告：按日历和时钟提醒分析员；异常报告：当超出边界条件时提醒分析员，如销售情况已超出预定义阈值的上限或下限时提醒分析员。

（5）计算能力。

计算引擎用于完成特定需求的计算或某种复杂计算。

（6）模型计算。

模型计算，如优化计算、统计分析、趋势分析等，以提高决策分析能力。

9.3.2 Microsoft Excel 中的 OLAP 功能

（1）检索 OLAP 数据。可以像连接其他外部数据源一样连接到 OLAP 数据源中。也可以使用由 Microsoft SQL Server OLAP Services（Microsoft OLAP 服务器产品）创建的数据库。Excel 还可以使用与 OLE－DB for OLAP 相兼容的第三方 OLAP 产品。

只能以数据透视表或数据透视图的形式显示 OLAP 数据，而不能以外部数据区域（外部数据区域：从 Excel 的外部（如数据库或文本文件）导入工作表的数据区域。在 Excel 中，可为外部数据区域中的数据设置格式或用其进行计算，就如同对其他任何数据一样）的形式来显示。可以将 OLAP 数据透视表和数据透视图保存在报表模板（报表模板：包含一个或多个查询或基于外部数据的数据透视表的 Excel 模板（.xlt 文件）。保存报表模板时，Excel 将保存查询定义，但不保存在模板中查询的数据）中，还可创建"Office 数据连接"（.odc）文件以连接到 OLAP 数据库，并为 OLAP 查询（查询：在 Query 或 Access 中，查询是一种查找记录的方法，而这些记录回答了用户对数据库中存储的数据提出的特定问题）创建查询文件（.oqy）。在打开 .odc 或 .oqy 文件时，Excel 将显示空白数据透视表，用户可在其上设置版式。

(2) 创建脱机时使用的多维数据集文件。可以使用"脱机多维数据集向导"来创建具有 OLAP 服务器数据库的数据子集的文件。脱机多维数据集文件使得用户可以在未连接上网络的情况下使用 OLAP 数据。只有在使用支持创建多维数据集文件的 OLAP 提供程序（OLAP 提供程序：对特定类型的 OLAP 数据库提供访问功能的一组软件。该软件包括数据源驱动程序以及与数据库连接所必需的其他客户端软件。例如 Microsoft SQL Server OLAP Services）时，才可以创建多维数据集文件。

(3) 通过关系数据库创建多维数据集。此外，"OLAP 多维数据集向导"允许用户将从关系数据库（例如：Microsoft SQL Server）中查询的数据组织到 OLAP 多维数据集中。该向导可从 Microsoft Query（可通过 Excel 来访问）中获取。多维数据集使得用户可以在数据透视表或数据透视图中处理以前所不能处理的大量数据，此外，还可以加速数据的检索。

9.3.3 访问 OLAP 所需的软件组件

(1) OLAP 提供程序。若要为 Microsoft Excel 建立 OLAP 数据源，需要下列 OLAP 提供程序之一：

- Microsoft OLAP 提供程序。Excel 中包含了所需的数据源驱动程序和客户软件，通过它们可访问由 Microsoft OLAP 产品（Microsoft SQL Server OLAP Services）所创建的数据库。由 Excel 2002 以及更高版本提供的驱动程序支持该产品的 7.0 版和 8.0 版。如果用户有 Excel 2000 提供的 7.0 版驱动程序，则可使用该驱动程序来访问 7.0 版的数据库。但是，对于 8.0 版的数据库，必须使用 8.0 版的驱动程序。
- 第三方 OLAP 提供程序。对于其他 OLAP 产品，则需要安装其他的驱动程序和客户软件。若要利用 Excel 功能来处理 OLAP 数据，则第三方产品必须符合 OLE – DB for OLAP 标准并与 Microsoft Office 兼容。

(2) 服务器数据库和多维数据集文件。Excel OLAP 客户软件支持对两种类型的 OLAP 数据库的连接。如果网络中有可用的 OLAP 服务器数据库，则可以直接从中检索元数据。如果有包含 OLAP 数据的脱机多维数据集文件（脱机多维数据集文件：创建于硬盘或网络共享位置上的文件，用于存储数据透视表或数据透视图报表的 OLAP 元数据。脱机多维数据集文件允许用户在断开与 OLAP 服务器的连接后继续进行操作）或有多维数据集定义（多维数据集定义：由"多维数据集向导"存储在一个 .oqy 文件中的信息，该信息定义了如何通过由关系数据库检索到的数据在内存中构建 OLAP 多维数据集）文件，则可以连接到该文件并从中检索元数据。

(3) 数据源。通过数据源，用户可访问 OLAP 数据库或脱机多维数据集文件中的所有数据。在创建了 OLAP 数据源后，就可以使报表以该数据源为基础，并且以数据透视表或数据透视图的形式将 OLAP 数据返回到 Excel。在使用"数据透视表和数据透视图向导"创建新报表时,可创建数据源;也可以在 Microsoft Query 中创建数据源,并在 Excel 中用其来创建报表。

(4) Microsoft Query。Microsoft Query 是一个可选的 Microsoft Office 组件,用户可通过 Excel 来安装和访问。可使用 Query 来检索外部数据库(例如,Microsoft SQL 或 Microsoft Access)中的数据。若要检索已连接到多维数据集 文件的 OLAP 数据透视表中的数据,则无须使用 Query。

9.3.4 连接和使用 OLAP 多维数据集

本小节在 Microsoft Office Excel 2003 中创建 OLAP 多维数据集的数据源,然后使用该数据源进行分析。

(1) 在 Excel 2003 空白工作簿中,选择"数据"菜单,再选择"数据透视表和数据透视图"。在弹出窗口中选择"外部数据源",点击"下一步",如图 9.1 所示。

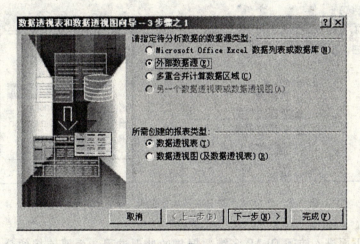

图 9.1 数据透视表和数据透视图向导的外部数据源

(2) 在向导的第 2 步中,点击"获取数据",在弹出的"选择数据源"窗口中,选择"OLAP 多维数据集"标签中的"新数据源",再点击"确定",如图 9.2 所示。

(3) 本书第 5 章实验已经在分析服务器中的 sales_ stat 数据库中建立了多维数据集 sales_ cube_ view,可以在 Management Studio 中连接到 Analysis Server 查看到如图 9.3 所示的界面。

现在在"创建新数据源"窗口为数据源输入名称,选择 OLAP 供应者。再点击"连接"按钮,如图 9.4 所示。

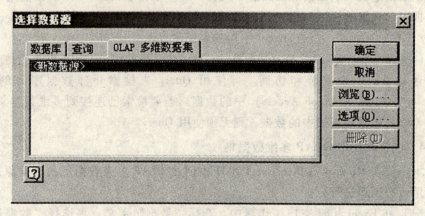

图 9.2 选择数据源窗口

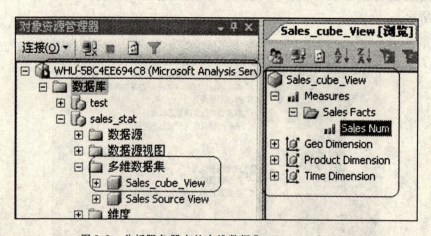

图 9.3 分析服务器中的多维数据集 sales_ cube_ view

（4）下面进入访问 OLAP 多维数据集的处理过程。为要连接的分析服务器输入名字，点击"下一步"，如图 9.5 所示。

（5）选择要处理的数据库，单击"完成"，如图 9.6 所示。

（6）现在回到了创建新数据源窗口，选择需要的多维数据集，并点击"确定"，如图 9.7 所示。

（7）可以看到选择数据源窗口中多了一个新建立的"sales_ stat_ cube"数据源。以后随时可以通过该界面访问数据库中的多维数据集了，如图 9.8 所示。

（8）点击"确定"，回到数据透视表和数据透视图向导第 2 步，如图 9.9 所示。

（9）点击"下一步"，设置显示区域，再点击"完成"。可以获得多维数据

9 使用 OLAP 数据集实验

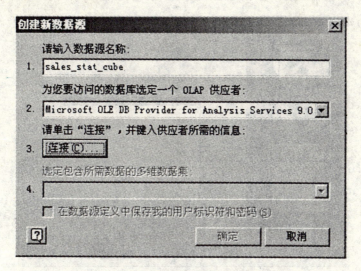

图 9.4 创建新数据源设置

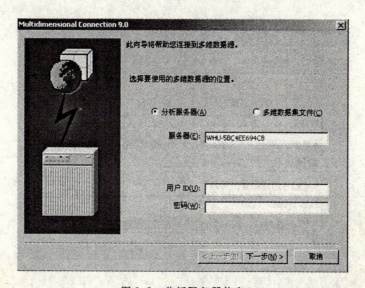

图 9.5 分析服务器信息

集的数据透视表,从此以后的编辑和浏览方式与数据透视表实验相同。图 9.10 中就使用拖放方式查看了电视机和计算机在 2、3 月份的具体销售情况。

9.3.5 Excel 可访问的数据源

以上是访问 OLAP 多维数据集的实验过程,其实 Microsoft Office Excel 2003 可以访问多种数据源。Microsoft Office 提供了用于检索如下数据源中数据的驱动

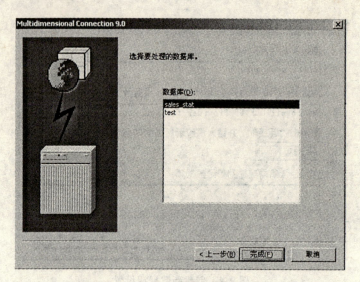

图 9.6 选择数据库

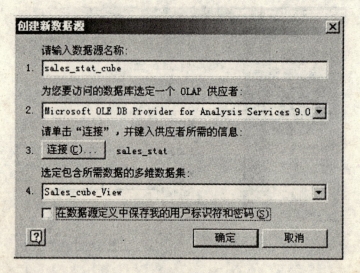

图 9.7 回到创建新数据源窗口

程序：

- Microsoft SQL Server OLAP Services
- Microsoft Access
- dBASE
- Microsoft FoxPro

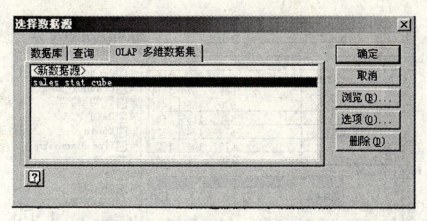

图 9.8 新建立的"sales_stat_cube"数据源

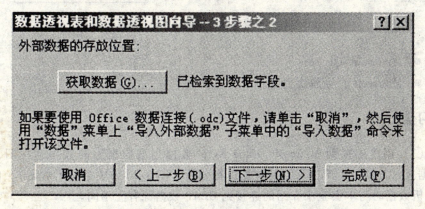

图 9.9 回到数据透视表和数据透视图向导第 2 步

- Microsoft Excel
- Oracle
- Paradox
- SQL Server
- 文本文件数据库

另外,用户还可使用其他制造商提供的 ODBC 驱动程序或数据源驱动程序,从此处未列出的其他数据源(包括其他类型的 OLAP 数据库)中获取信息。

"数据库连接向导"还提供对"数据检索服务"数据源的访问。数据检索服务是一种安装于 Windows SharePoint Services 中的 Web 服务,可连接到数据检索服务并检索数据。数据检索服务可提供对下列数据源的访问:

- Windows SharePoint Services 中的列表和文档库

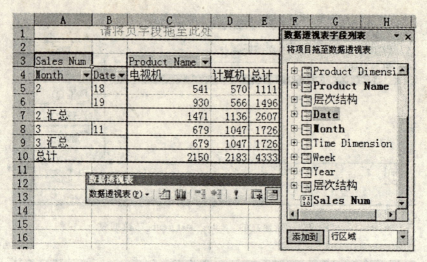

图 9.10 用拖放方式查看具体销售情况

- Microsoft SQL Server
- Microsoft 企业解决方案

练习题

（1）创建连接到 Microsoft Office Excel 数据列表数据源的数据透视图，对"数据录入技巧"一节所保存的数据进行分析（图 3.20 中表格所示数据），比较在分析数据时与本实验中介绍的连接到 OLAP 数据源有无不同。

（2）分别练习通过 Excel（图 9.10 用拖放方式查看具体销售情况）和 Analysis Services（图 5.16 浏览多维数据集 sales_ cube_ view 所示数据集）对 sales_ stat 数据库中的数据进行分析，比较这两种分析方式有何不同。

主要参考文献

1. MICROSOFT. MICROSOFT EXCEL 2003 帮助和使用方法［M/OL］，［2008-04-01］．http：//office.microsoft.com/zh-cn/excel/FX100646962052.aspx?CTT=96&Origin=CL100570552052.

2. MICROSOFT. MICROSOFT SQL SERVER 2005 联机丛书［M/OL］，［2008-04-01］．ms-help://ms.sqlcc.v9/ms.sqlsvr.v9.zh－chs/sqlovr9/html/a8d3fcbd-c841-4ac3-8030-585500824964.htm.

3. 艾文国．财务决策支持系统［M］．北京：高等教育出版社，2005.

4. 刘仲文，王海林．EXCEL 在财务、会计和审计中的应用［M］．北京：清华大学出版社，2005.

5. 沈浩．EXCEL 高级应用与数据分析［M］．北京：电子工业出版社，2008.

6. 杨世莹．EXCEL 数据统计与分析范例应用［M］．北京：中国青年出版社，2008.

7. 曼蒂，桑斯维特，金伯尔．数据仓库工具箱：面向 SQL SERVER 2005 和 MICROSOFT 商业智能工具集［M］．闫雷鸣，冯飞 译．北京：清华大学出版社，2007.

8. TIMOTHY ZAPAWA. EXCEL 高级报表宝典［M］．别红霞 等译．北京：电子工业出版社，2006.

9. 张玉峰，陆泉．决策支持系统［M］．武汉：武汉大学出版社，2004.